ZEITSCHRIFT FÜR ANGEWANDTE GEOLOGIE

HERAUSGEGEBEN VOM
ZENTRALEN GEOLOGISCHEN INSTITUT
IM AUFTRAG DES
STAATSSEKRETARIATS FÜR GEOLOGIE

AUS DEM INHALT

AKADEMIE-VERLAG · BERLIN

BAND 17 / HEFT 10
OKTOBER 1971
SEITE 401–448

PREIS: 6,– M
Sonderpreis DDR: 2,– M

	INHALT	СОДЕРЖАНИЕ	CONTENTS	

Die ZEITSCHRIFT FÜR ANGEWANDTE GEOLOGIE berichtet ständig über folgende Arbeitsgebiete: Geologische Grundlagenforschung und Lagerstättenforschung / Methodik der geologischen Erkundung / Ökonomie und Planung der geologischen Erkundung / Technik der geologischen Erkundung / Geologie und Lagerstättenkunde im Ausland. In der Zeitschrift können alle strittigen Fragen der praktischen Geologie behandelt werden. Die Autoren übernehmen für ihre Aufsätze die übliche Verantwortung.

ZEITSCHRIFT FÜR ANGEWANDTE GEOLOGIE

Träger der Ehrennadel in Gold der Gesellschaft für Deutsch-Sowjetische Freundschaft

KOLLEKTIVE CHEFREDAKTION

Dr. K. KAUTER (Redaktionssekretär)
Prof. Dr. F. STAMMBERGER
Dr. habil. G. TISCHENDORF

BAND 17 · OKTOBER 1971 · HEFT 10

Schaffung und Entwicklung der mineralischen Rohstoffbasis der Sowjetunion[1])

A. W. SIDORENKO, UdSSR

Das vorrevolutionäre Rußland blieb im Entwicklungstempo hinter den anderen Großmächten zurück. Das Land, das gewaltige natürliche Reichtümer und eine große Bevölkerung besaß, rangierte nach der industriellen Bruttoproduktion hinter den USA, Deutschland, Frankreich und England. Im Jahre 1913 betrug der Anteil Rußlands an der Weltbruttoproduktion etwas über 4% und 1917 weniger als 3%.

Seit den ersten Tagen des Bestehens der Sowjetrepublik begann auf Initiative W. I. LENINs und unter seiner Leitung eine wahrhaft titanische Arbeit zur Erforschung der natürlichen Reichtümer Rußlands, zum Wiederaufbau der Montanindustrie und zur Erhöhung der Produktion von Kohle, Brennschiefern, Torf, Erdöl, Eisenerzen, Salzen, Gold, Kupfer und anderen mineralischen Rohstoffen. Überaus große Bedeutung für die Entwicklung der Erkundungstätigkeit, für den Nachweis mineralischer Ressourcen und für die Schaffung der mineralischen Rohstoffbasis des Landes besaß der bekannte LENINsche „Entwurf eines Planes der wissenschaftlich-technischen Arbeiten", in dem die Akademie der Wissenschaften beauftragt wurde, mit der Untersuchung und Erforschung der Produktivkräfte Rußlands zu beginnen, und in dem Probleme der maximalen Gewährleistung der „... Möglichkeit, das Land selbständig mit allen wichtigen Rohstoffarten zu versorgen ..." (W. I. LENIN, „Gesammelte Werke", Band 36, S. 228, russ.), die Industrie rationell in der Nähe der Rohstoffquellen zu stationieren und die Produktion in wenigen Großbetrieben zu konzentrieren, aufgeworfen wurden.

Von diesen LENINschen Prinzipien, die nach den Worten des Akademiemitgliedes A. E. FERSMAN im Jahre 1918 vielen als „unerreichbare Utopie" erschienen, lassen wir uns auch heute bei der Planung und Durchführung der geologischen Erkundungsarbeiten leiten.

Auf Initiative LENINs wurde die Tätigkeit des Geologischen Komitees sowie der Akademie der Wissenschaften und ihrer Kommission zur Untersuchung der natürlichen Produktivkräfte Rußlands (KEPS) aktiviert. Es wurden spezielle Aufträge des Volkswirtschaftsrats erteilt, die mit der Organisierung von Rekognoszierungs- und Schätzarbeiten für mineralische Rohstoffe in verschiedenen Landesteilen zusammenhingen. Unmittelbar an den Namen LENINs gebunden sind die Organisierung und Durchführung der Arbeiten zur Erforschung der Kursker Magnetanomalie, die Suche von Kohle und Erdöl im Petschorabecken, die Komplexuntersuchung des Europäischen Nordens, der Beginn der Arbeiten zur Erkundung und Förderung von Erdöl im Wolga—Ural-Gebiet, die Erkundung der Bauxitlagerstätte Tichwinsk, wo die Rohstoffbasis für den Erstling der Aluminiumindustrie, das Wolchow-Aluminiumwerk, geschaffen wurde, die Suche von Nickelerzen im Raum Norilsk, die Bewertung der Kohleressourcen im Kusbass, die Erforschung der mineralischen Reichtümer der Kola-Halbinsel mit der Entdeckung der Apatitlagerstätte in den Chibinen, die Untersuchung und Einschätzung der Eisenerzlagerstätten des Urals und vieles mehr.

Gleichzeitig wurden auf Weisung LENINs Maßnahmen zur Wiederherstellung der bergbautreibenden Industrie in den bereits bekannten Gebieten unternommen: Erdöl im Kaukasus und Raum Emba, Kohle im Donbass und Moskauer Becken, Eisenerz in Kriwoi Rog usw.

Das Sowjetvolk begann unter Führung der Kommunistischen Patei und der persönlichen Leitung von W. I. LENIN mit der Verwirklichung des Planes GOELRO, den WLADIMIR ILJITSCH als zweites Parteiprogramm bezeichnete. Der Plan sah den Bau von 30 Gebietskraftwerken sowie die Entwicklung aller Zweige der Volkswirtschaft — der Industrie, des Verkehrswesens, der Landwirtschaft — auf der Grundlage einer Elektrifizierung des Landes, der Berücksichtigung der Annäherung von Produktionsstätten an die Rohstoffquellen und einer planmäßigen wirtschaftlichen Entwicklung der peripheren Landesteile vor. Die Erfüllung des Plans war auf 15 Jahre berechnet.

Im Jahre 1935 war der Plan GOELRO in den wesentlichsten Teilen bedeutend überboten. Gesteigert wurden die Erzeugung von Elektroenergie und die Förderung von mineralischen Brennstoffen, Erzen, Schwarz- und Buntmetallen sowie die Produktion von Gußeisen,

---

[1]) Nach einem Vortrag des Ministers für Geologie der UdSSR, Akademiemitglied A. W. SIDORENKO, auf der 17. Sitzung der Ständigen Kommission für Geologie des RGW im März 1970: „W. I. Lenin über die Entwicklung der mineralischen Rohstoffbasis".

Aus: „Bulleten ekonomitscheskoi informazii", SEW, Moskau, 4 (55), S. 88—96 (1970).

Übers.: H. KÄBEL, Berlin.

Zwischenüberschriften von der Redaktion.

Stahl und Kupfer. Ein neuer Zweig der Buntmetallurgie, die Alluminiumverhüttung, wurde geschaffen.

Die in der Sowjetrepublik mit einem für das vorrevolutionäre Rußland nie gekannten Schwung vorangetriebenen geologischen Erkundungsarbeiten erbrachten bereits in den ersten Jahren positive Ergebnisse. Zu den Arbeiten von erstrangiger staatlicher Bedeutung gehörte die auf Initiative LENINs begonnene Erkundung der Kursker Magnetanomalie (KMA). LENIN sah in ihr bedeutende Möglichkeiten zur Steigerung der Eisenproduktion im Zentrum des Landes. Er trieb die Untersuchung der KMA mit großer Energie voran und verfolgte die Arbeitsergebnisse mit steter Aufmerksamkeit.

Am 7. April 1923 stieß eine Bohrung bei der Ortschaft Schtschigry erstmals auf Eisenquarzitlager mit einem Eisengehalt bis zu 35%. 1931 wurden in der KMA Reicherze nachgewiesen, und 1933 wurde das erste Erz gefördert. Jetzt betragen die berechneten Bilanzvorräte an Eisenerzen der Kursker Magnetanomalie 42 Mrd. t, davon mehr als 26 Mrd. t Reicherze mit einem mittleren Eisengehalt bis zu 60%.

Heutzutage ist die KMA ein gigantisches Eisenerzbecken, das seinesgleichen in der Welt nicht kennt. Es lieferte bereits mehr als 100 Mill. t Rohmaterial an die Industrie und erbringt bis zum Jahre 1980 eine jährliche Fördermenge von 70 Mill. t Handelserz.

Die Erforschung der arktischen Bezirke, die 1919 zusammen mit der Ausarbeitung des Problems eines nördlichen Seewegs unternommen wurde, führte in den Jahren 1920 bis 1922 zur Entdeckung der Norilsker Cu-Ni-Erzlagerstätte und später der Ni-Co-Lagerstätten auf der Kola-Halbinsel. Diese waren die Grundlage für den Ausbau der größten montanindustriellen und metallurgischen Betriebe des Landes, dem Bergbau- und Hüttenkombinat Norilsk und dem Kombinat „Seweronikel" in Montschegorsk.

Von Erfolg gekrönt waren auch die noch zu Lebzeiten LENINs begonnenen Erkundungsarbeiten auf agrochemische Rohstoffe — Phosphorite und Kalisalze — im europäischen Teil der Sowjetrepublik. Der Aufbau der Phosphoritlagerstätten Jegorewskoje und Wjatsko-Kamskoje begann in den Jahren 1921 bis 1922. Später wurden große Phosphoritlagerstätten in Kasachstan und Sibirien nachgewiesen. Gegenwärtig übersteigen die Phosphoritvorräte der UdSSR 7 Mrd. t und sichern nicht nur den ständigen Rohstoffbedarf, sondern geben auch eine Perspektive für die wesentliche Erweiterung der Produktion mineralischer Düngemittel.

Die auf Initiative von W. I. LENIN begonnenen geologischen Untersuchungen des Chibinen-Massivs auf der Kola-Halbinsel führten 1923 zur Entdeckung von phosphorhaltigen Erzen und 1926 zum Nachweis der Apatitlagerstätte Kukiswumtschorskoje, die gemeinsam mit später entdeckten Lagerstätten die Basis für das Kombinat „Apatit" bildete, das jährlich 25 Mill. t hochwertiger Apatiterze für die Herstellung von Mineraldünger fördert.

Die großartige Kalilagerstätte Werchnje-Kamskoje, auf deren Grundlage die Kaliindustrie der UdSSR entstand und sich entwickelte, wurde 1930 entdeckt. Die geologischen Untersuchungen der nachfolgenden Jahre führten zum Nachweis des subkarpatischen Kalisalzbeckens, der großen Kalisalzlagerstätten in Belorußland sowie in Usbekistan und Turkmenien. Die geologischen Vorräte an natürlichen Kalisalzen in den drei wichtigsten industriell erschlossenen Becken — Werchnjekamsk, Starobinsk und Vorkarpaten — betragen 40 bis 50 Mrd. t. Die prognostischen Vorräte der übrigen Lagerstätten werden mit 50 bis 80 Mrd. t eingeschätzt.

Mineralische Brennstoffe

Besonders groß sind die Erfolge bei den Erkundungsarbeiten zur Entwicklung der Ressourcen mineralischer Brennstoffe, denen W. I. LENIN eine überaus wichtige Bedeutung beimaß, weil das Land einen „Brennstoffhunger" verspürte und weil nur die Umstellung der Volkswirtschaft auf mineralische Brennstoffe einen zuverlässigen Fortschritt in der Schwerindustrie garantierte. „Eine Schwerindustrie, die fähig ist, als Grundlage für eine sozialistische Gesellschaft zu dienen, kann sich nur auf mineralische Brennstoffe fest begründen", sagte W. I. LENIN („Gesammelte Werke", Band 44, Seite 317, russ.).

Die Kommunistische Partei, die Regierung und LENIN persönlich unternahmen riesige Anstrengungen, um die Brennstoffindustrie wiederherzustellen, die infolge der Zerstörungen abgesunkene Förderung von Kohle und Erdöl zu steigern, neue Brennstoffquellen zu erschließen und die Brennstoffkrise zu beseitigen.

Die Fragen der Versorgung von Industrie, Transport und Bevölkerung mit Brennstoff wurden im Rat für Arbeit und Verteidigung gleichberechtigt mit militärischen Fragen behandelt. Auf Vorschlag von W. I. LENIN wurde 1920 eine Reihe kurzfristiger Maßnahmen zur erhöhten Förderung von Kohle und Erdöl angenommen: „... Ohne Kohleindustrie ist eine moderne Industrie, sind Fabriken und Werke undenkbar" („Gesammelte Werke", Band 40, Seite 292).

Auf Initiative LENINs wurden geologische Untersuchungen auf Erdöl und Kohle im Gebiet von Uchta unternommen. 1930 wurde hier das erste industrielle Erdöl gewonnen, 1931 das Petschora-Kohlenbecken entdeckt und 1935 die erste Erdgaslagerstätte nachgewiesen. Gegenwärtig sind in der Komi-ASSR 13 Erdöl-, 12 Erdgas- und 7 Erdöl-Erdgas-Lagerstätten bekannt. Dazu gehören die großen Erdöllagerstätten Tebukskoje, Paschninskoje und Ussinskoje und die einzigartige Gaskondensatlagerstätte Wuktylskoje, die bereits erschlossen ist und dem Land jährlich 10 Mill. m^3 Gas liefert.

Auf der Suche nach einem Ausweg aus der Brennstoffkrise organisierte W. I. LENIN geologische und technologische Untersuchungen von Brennschiefern und die Schaffung von Gruben zu ihrer Gewinnung. Mit dem gleichen Ziel propagierte er mit Nachdruck Torf als Brennstoff und organisierte seinen Abbau. „Eines der Rettungsmittel sind im gegenwärtigen Moment die Gewinnung und der Abbau von Torf ..." bemerkte W. I. LENIN („Gesammelte Werke", Band 40, Seite 322, russ.).

Ende 1921 konnte WLADIMIR ILJITSCH dem IX. Allrussischen Kongreß der Räte über die Verbesserung der Brennstofflage des Landes, über den Zuwachs in der Kohle-, Erdöl- und Torfgewinnung berichten. Doch waren noch sechs Jahre Arbeit notwendig, ehe die Brennstofferzeugung das Vorkriegsniveau erreichte. 1913 wurden in Rußland 10,3 Mill. t Erdöl, 29,2 Mill. t

Kohle und 1,7 Mill. t Torf gewonnen. In der Brennstoffbilanz des Landes machte Holz mehr als 20% (umgerechnet auf Brennstoffeinheiten) aus. 1927 betrug die Gewinnung von Brennstoffen: Erdöl — 10,3 Mill. t, Kohle — 32,2 Mill. t, Torf — 4,9 Mill. t. Der Anteil von Brennholz verringerte sich auf 12,5%.

An den Namen LENIN gebunden sind der Beginn der Erdölsucharbeiten im Wolgagebiet und in Mittelasien, die Untersuchung der Reichtümer an mineralischen Salzen in der Bucht Kara-Bogas-Gol, die Suche von Buntmetallen im Altai und in Kasachstan sowie von Gold in Sibirien und vieles andere.

Mineralische Rohstoffe

Bereits zu Lebzeiten von W. I. LENIN erreichte das Land großartige Erfolge bei der Schaffung der mineralischen Rohstoffbasis, die später gefestigt und bedeutend erweitert wurde.

Die Errungenschaften des Sowjetvolks bei der Entwicklung der geologischen Untersuchungen, dem Nachweis und dem Studium der mineralischen Bodenschätze hängen unlösbar mit der organisierenden, richtungweisenden und führenden Tätigkeit der Kommunistischen Partei der Sowjetunion zusammen.

Ausgehend von den Ideen LENINs und den konkreten Bedürfnissen des Staates in jeder Etappe erarbeitete die Partei grundlegende Probleme des sozialistischen Aufbaus, bestimmte das Entwicklungsniveau und die Standortverteilung der Produktivkräfte des Landes, schuf neue Industriezweige und Industriezentren und gab die Auflagen für die Entwicklung der mineralischen Rohstoffressourcen der nächsten Zeit und in der weiteren Perspektive. Die Probleme der Entwicklung der mineralischen Rohstoffbasis fanden ihren Widerhall in allen wichtigen Parteidokumenten — in den Beschlüssen der Parteitage, Parteikonferenzen und in den Plenen des Zentralkomitees.

Das auf dem XXII. Parteitag angenommene neue Parteiprogramm, das ein kolossales Wachstum der Produktivkräfte des Landes und der Industrieproduktion vorsieht, stellte den Geologen die Aufgabe der Sicherung des Bedarfs an mineralischen Rohstoffressourcen. Die Direktiven des XXIII. Parteitags der KPdSU verpflichteten den Geologischen Dienst des Landes, „die Maßstäbe der geologischen Erkundungsarbeiten zu erweitern, deren Effektivität zu erhöhen und die Kosten zu senken. Die Suche und Erkundung von Erdöl-Erdgas- und Kohlelagerstätten im europäischen Teil der UdSSR ist zu intensivieren. Der Zuwachs erkundeter Lagerstättenvorräte soll vor allem in den Gebieten erreicht werden, in denen der Abbau ökonomisch am günstigsten ist.“ Als Hauptaufgabe im Plan der wissenschaftlichen Forschungsarbeiten wurde die „... Erweiterung der wissenschaftlichen Arbeiten zur Untersuchung der Erdrinde und der Gesetzmäßigkeiten der Lagerstättenverteilung zur besseren Ausnutzung der natürlichen Ressourcen“ gestellt. Diese Parteidirektiven werden von den sowjetischen Geologen erfolgreich verwirklicht.

Die Beschlüsse der Partei über die vorauseilende Entwicklung der mineralischen Rohstoffressourcen, über die Schaffung einer Reserve an erkundeten mineralischen Rohstoffen und über die Steigerung der Effektivität der geologischen Untersuchungen wurden unverrückbares Gesetz und Leitprinzip für die Planung und Durchführung der geologischen Erkundungsarbeiten.

Kohle

Auf den von LENIN vorgezeichneten Bahnen, unter Leitung der Kommunistischen Partei und bei ständiger Hilfe der Sowjetregierung wurden die geologischen Erkundungsarbeiten auf alle Arten mineralischer Rohstoffe ausgedehnt. Einer der größten Erfolge der Geologen ist die Verwirklichung der Ideen LENINs über die Umstellung der Brennstoffwirtschaft des Landes auf mineralische Ressourcen. Heute nehmen Erdöl, Erdgas und Kohle die dominierende Rolle in der Brennstoffbilanz ein und machen mehr als 99% aus. 1969 förderte das Land 328 Mill. t Erdöl, 183 Mrd. m^3 Erdgas, 608 Mill. t Kohle. Ohne Zweifel ist dies der Ausdruck der Erfolge bei den geologischen Arbeiten, die zur Erschließung der großen Kohlenbecken Kusnezk, Tungusk, Kansko-Atschinsk, Karaganda, Petschora, Südjakutsk u. a. führten. Die geologischen Vorräte an Kohlen betragen in der UdSSR 8,7 Mrd. t und die erkundeten Vorräte der Kategorien $A + B + C_1$ mehr als 250 Mrd. t. Die erkundeten Kohlenvorräte sichern den Betrieb der vorhandenen Gruben und Tagebaue auf viele Jahre im voraus, und die geschaffenen Vorratsreserven ermöglichen eine künftige Abbausteigerung.

Erdöl und Erdgas

Grundlegend wurde die Lage bei den Erdölvorräten und der Standortverteilung der erdölfördernden Industrie verändert. Hunderte Erdöl-Erdgas-Lagerstätten und ganze erdöl-erdgas-führende Provinzen wurden im Ostural, in Turkmenien, Usbekistan, Westsibirien, in der Jakutischen ASSR, der Komi ASSR, der Ukraine, in Belorußland und Westkasachstan entdeckt. Die erkundeten Erdölvorräte sicherten ein systematisches Wachstum der Förderung bis zum heute erreichten Niveau und ermöglichen den Ausbau der erdölfördernden Industrie in den nächsten Jahren. Größte Reserve für die Entwicklung der Erdölförderung sind die in Westsibirien in den sechziger Jahren nachgewiesenen Bodenschätze. Auf Beschluß von Partei und Regierung sollen hier 1975 100 bis 120 Mill. t und 1980 230 bis 260 Mill. t Erdöl gewonnen werden. Große Bedeutung für die Verbesserung der Brennstoff- und Energiebilanz des Landes kommt der Schaffung der mineralischen Rohstoffbasis für die erdgasfördernde Industrie zu. Gewaltige Erdgaslagerstätten wurden im N Westsibiriens aufgefunden, wo etwa die Hälfte aller erkundeten Erdgasvorräte des Landes konzentriert ist. Ein großes Erdgasbecken mit Vorräten über 1 Trillion m^3 wurde im Orenburger Gebiet entdeckt. Nachgewiesen, erkundet und bereits in Förderung übergeführt wurden mächtige Lagerstätten in Usbekistan, Turkmenien und der Komi ASSR. Die potentiellen Erdgasvorräte der UdSSR werden auf 70 Trillionen m^3 geschätzt, die erkundeten Vorräte übersteigen 11 Trillionen m^3.

Eisenerze

Mit der Entdeckung der kolossalen Eisenerzvorkommen der Kursker Magnetanomalie erschöpfen sich keinesfalls die Erfolge der geologischen Erkundungstätigkeit auf Eisen. Im vorrevolutionären Rußland gewann man Eisenerze in den Becken von Kriwoi Rog und Kertsch, im Ural, in den zentralen Gebieten und in geringem Umfang in Sibirien. Als Ergebnis einer weitgesteckten Erkundungsarbeit auf Eisenerze konnten die Vorräte in den bekannten Gebieten — Kriwoi Rog, Kertsch und Ural — wesentlich vergrößert werden. Entdeckt und erkundet wurden neue Lagerstätten auf der Kola-Halbinsel, in Transkaukasien, Nord- und Zentralkasachstan, West- und Ostsibirien, Transbaikalien und Jakutien.

Die UdSSR nimmt in bezug auf erkundete Eisenerzvorräte und die Eisenerzförderung den ersten Platz in der Welt ein. 1967 wurden die erkundeten Eisenerzvorräte der Welt mit 133 Mrd. t angegeben, wovon 74,6 Mrd. t auf die sozialistischen Länder entfielen. Die Bilanzvorräte an Eisenerzen betragen in der UdSSR 110 Mrd. t, davon betragen erkundete Vorräte der Kategorien $A + B + C_1$ etwa 60 Mrd. t. Die weitere Entwicklung der Schwarzmetallurgie gründet sich auf eine zuverlässige Rohstoffbasis.

Gold

W. I. LENIN und die Sowjetregierung widmeten der Schaffung einer Rohstoffgrundlage für die Goldindustrie und der Entwicklung der Goldgewinnung große Aufmerksamkeit. Durch die ergriffenen Maßnahmen konnten Goldvorräte und die Goldförderung stark erhöht werden. Im Zeitraum von 1923 bis 1940 wurden die reichen Seifen im Aldaner Gebiet, die große Goldlagerstätte Balejskoje, zahlreiche hochwertige Goldseifen im Oberlauf der Kolyma und ihrer Nebenflüsse, der goldführende Bezirk Dshugdshursk und Goldlagerstätten an den Nebenflüssen der Indigirka entdeckt. Auf Grund der Erkundung von Seifen konnten die Goldvorräte im Ural, in der Lena-Taiga, im Amurgebiet, in Primorje, dem Jennissei-Krjash und in anderen Bezirken wesentlich erhöht werden. Im letzten Jahrzehnt wurden zahlreiche Goldseifen im Tschukotsker Nationalen Bereich und im Gebiet des Kularsker Rückens im Flußbecken der Jana, die unikale Goldlagerstätte Muruntau in Mittelasien sowie die Lagerstätten Bakyrtschik in Kasachstan und Sodskoje in Armenien nachgewiesen. Große Goldvorräte konnten im Bestand komplexer polymetallischer und Kupfererze erkundet werden.

Kupfer und andere Buntmetalle

Die Rohstoffbasis der Kupferindustrie wurde neu aufgebaut. In den dreißiger Jahren entdeckte und erkundete man die Kupferporphyrlagerstätten Kounradskoje, Boschtschekulskoje, Kalmakyrskoje, Kadsharanskoje und Agarakskoje, die Cu–Ni-Lagerstätten im Norilsker Gebiet und in der Montschetundra (Kola-Halbinsel), die gewaltigen Kupfervorräte in Dsheskasgan sowie unzählige Kupferkieslagerstätten im Ural. In den schweren Jahren des Großen Vaterländischen Krieges sicherte die Kupferindustrie völlig den Bedarf der Front.

In den letzten Jahren wurden Kupferkieslagerstätten im Ural (Gaiskoje u. a.) und im Kaukasus (Madneulskoje) entdeckt und erkundet. Die Vorräte des Dsheskasganer Bezirks vergrößerten sich um die Lagerstätten Sajakskoje, Tischinskoje, Orlowskoje, Tschatyrkulskoje u. a. in Kasachstan. Eine große kupferführende Provinz wurde im Ural und in Mugodsharinen nachgewiesen. Sie wird jetzt weiter untersucht.

Ein hervorragender Erfolg der sowjetischen Geologen ist die Entdeckung und Erkundung der unikalen Cu–Ni-Lagerstätten Talnachskoje und Oktjabrskoje im Norilsker Bezirk und der Kupfersandsteinlagerstätte Udokanskoje im Gebiet Tschita.

Die Rohstoffbasis für die Blei–Zink-Industrie befand sich vor der Oktoberrevolution hauptsächlich im Kaukasus und im Fernen Osten. Bis 1941 wurden auf unserem Territorium neue Blei–Zink-Lagerstätten in Kasachstan (Atschissai, Mirgalimsai, Baishansai, Tekeli), im Nordkaukasus, im Nertschinsker Bezirk, im Salairgebirge, im Fernen Osten und in Mittelasien nachgewiesen und erkundet. In den Nachkriegsjahren vergrößerten sich durch eingehende Erkundungen die Vorräte wesentlich. Neue Lagerstätten wurden im Altai — Solotuschinskoje, Beresowskoje, Beluossowskoje, Nikolajewskoje u. a. —, in Mittelasien — Altyn-Topkan, Lagerstättengruppe Adrasmanskaja, Utsch-Kulatsch u. a. — sowie in Kasachstan — Akshal, Usunshal, Bestjube u. a. — entdeckt.

In den sechziger Jahren konnten solche reichen Blei–Zink-Lagerstätten wie Gorewskoje und Kysyl-Tastykskoje in der Krasnojarsker Provinz, Filistschaiskoje im Kaukasus, Osjornoje in Burjatien, Nikolajewskoje in Sichote-Alin sowie Tischinskoje und Shairemskoje in Kasachstan entdeckt und erkundet werden.

Eine Nickel–Kobalt-Industrie gab es im vorrevolutionären Rußland nicht. Silikatische Nickelerze waren im Ural und Kobalt–Asbest-Erze in Transkaukasien (Daschkesan) bekannt, doch war die Förderung unbedeutend. Erkundungsarbeiten auf silikatische Nickelerze begannen 1920 im Ural. Auf der Grundlage der erkundeten silikatischen Nickellagerstätten wurde 1932 der Bau der ersten Nickelhütte der UdSSR begonnen.

In den Jahren 1919 bis 1922 kam es im Norilsker Bezirk zur Entdeckung imprägnierter sulfidischer Kupfer—Nickel-Erze. Im Verlauf der Erkundung der Norilsker Lagerstätte konnte 1936 das erste große Feld reicher Gangerze aufgefunden werden. Anfang der dreißiger Jahre wurden auf der Kola-Halbinsel imprägnierte sulfidische Cu–Ni-Erze nachgewiesen. In Norilsk und auf der Kola-Halbinsel konnte man daraufhin eine große Bergbau- und Hüttenindustrie errichten.

In den sechziger Jahren wurden im Norilsker Bezirk die nach Vorräten und Qualität einzigartige Lagerstätte Talnachskoje und später, 1966, die noch größere Lagerstätte Oktjabrskoje entdeckt. Dieser Bezirk verfügt über die größte Basis der Welt für die Nickelindustrie.

Zinn

Die Rohstoffbasis für die Zinnindustrie wurde während der Sowjetepoche geschaffen. Ende der zwanziger Jahre kam es zur Entdeckung der Lagerstätte Chaptscheranginskoje und des Zinnerzfeldes im Bereich Scherlowaja Gora. 1934 konnte in den polymetallischen Erzen der Lagerstätte Bolsche-Sinantschinskoje im Primorjegebiet Kassiterit nachgewiesen werden.

Während der Jahre des Großen Vaterländischen Krieges wurden die Lagerstätten Chrustalnoje in Primorje und Chinganskoje im Gebiet Chabarowsk entdeckt und erkundet, in den Nachkriegsjahren die neuen zinnführenden Bezirke in Jakutien, Primorje und im NE der UdSSR. Besonders hervorzuheben ist die reiche Zinnerzlagerstätte Deputatskoje in Jakutien.

Während der fünfziger Jahre wurde der große zinnführende Bezirk Komsomolski am unteren Amur entdeckt und erkundet und die Rohstoffbasis an Zinn im NE des Landes erweitert. In der letzten Zeit kam es zur Entdeckung und Erkundung der Zinnlagerstätten in Kirgisien.

Wolfram

Wolframerze waren vor der Großen Sozialistischen Oktoberrevolution nur in Transbaikalien bekannt. Anfang der dreißiger Jahre wurden die transbaikalischen Wolframlagerstätten Bukukinskoje und Beluchinskoje sowie kleine Lagerstätten in der Burjatischen ASSR und im Ural in Betrieb genommen. In den Vorkriegsjahren und während des Weltkrieges konnten viele Wolframlagerstätten nachgewiesen werden, darunter die großen Lagerstätten Tyrnyaus im Nordkaukasus, Aktschatau in Zentralkasachstan, Tschoruch-Dairon, Ljangar und Ingitschis in Mittelasien sowie Aljaskitowoje und Iltin im NE des Landes. In letzter Zeit wurde die große Lagerstätte reicher Scheeliterze „Wostok 2“ in Primorje entdeckt und erkundet. Die Wolframindustrie des Landes ist so gut mit erkundeten Wolframvorräten versorgt, daß die Förderung weiter gesteigert werden kann.

Molybdän

Eine Molybdänindustrie gab es im zaristischen Rußland nicht. Die in den Vorkriegsjahren entdeckten Lagerstätten Umaltinskoje, Dawendinskoje, Schachtaminskoje, Perwomaiskoje und Wostotschno-Kounradskoje waren die Grundlage der Molybdänindustrie während des Großen Vaterländischen Krieges. In den Nachkriegsjahren wurden großartige Molybdänstockwerklagerstätten in Kasachstan, Sibirien, Transbaikalien und Transkaukasien entdeckt, wie z. B. Kadsharanskoje, Sorskoje, Koktenkolskoje, Orekitkanskoje und Shirekenskoje. Auf Grund dieser Entdeckungen vergrößerten sich die Molybdänvorräte um ein Vielfaches.

Quecksilber und Antimon

Die Quecksilberindustrie stützte sich vor der Revolution ausnahmslos auf die Erze der Lagerstätte Nikitowskoje, die jährlich etwa 300 t Quecksilber erbrachten. Eine Antimonindustrie gab es im vorrevolutionären Rußland nicht. Die Bedarfsdeckung geschah ausschließlich durch Importe.

Während der Vorkriegsfünfjahrpläne wurden neue Quecksilber—Antimon-Provinzen nachgewiesen — Gorno-Altai, Zentralkasachstan, Jenissei — und in Mittelasien mehrere Lagerstätten erkundet. Im Lande konnte eine Antimonbranche in der Buntmetallhüttenindustrie aufgebaut werden.

Nach dem Weltkrieg veränderte sich die Standortverteilung der Rohstoffbasis für Quecksilber und Antimon durch die Entdeckung neuer Vererzungszonen und -provinzen. Bis zu Ende der fünfziger und in den sechziger Jahren liefen in diesen neuen industriellen Lagerstätten Erkundungsprogramme ab. Der Vorratsvorlauf in den bekannten Gebieten wurde bedeutend erweitert.

Aluminium

Die gesamte Aluminiumindustrie wurde während der Sowjetära geschaffen. Die Untersuchung der Tichwinsker Lagerstätte auf Bauxit begann erst nach der Sozialistischen Oktoberrevolution. Auf der Basis dieser Lagerstätte wurde das Tichwinsker Werk errichtet, das 1933 das erste sowjetische Aluminium produzierte.

Im Nordural fand man die größten Bauxitlagerstätten der UdSSR, die die Grundlage für den Bau leistungsfähiger Tonerde—Aluminium-Werke bildeten. In den Nachkriegsjahren liefen neue Sucharbeiten auf Bauxit in Kasachstan an, die mit der Entdeckung der Lagerstätten des reichen Turgaisker Bauxitbezirks ihre Krönung fanden. 1949 wurden die großen Bauxitlagerstätten des nördlichen Onega entdeckt und etwas später erkundet. Die Vorräte der Lagerstätten im Südural konnten vergrößert werden. In Erkundung befinden sich Bauxite im Bereich des südlichen Timan und der Kursker Magnetanomalie.

In der UdSSR wurden insgesamt bedeutende Bauxitlagerstätten erkundet, doch reichen sie qualitativ nicht an die besten Lagerstätten der Welt heran. In Anbetracht des großen Bauxitbedarfs ist die Hauptaufmerksamkeit der Geologen jetzt der Suche hochwertiger Rohstoffe zugewandt. Das ist derzeit unsere Hauptaufgabe.

Diamanten u. a.

In der UdSSR wurden hinsichtlich ihrer Vorräte völlig gesicherte Industriezweige für die Verarbeitung von Diamanten, Titan, seltenen Metallen, Uran u. a. geschaffen.

Allgemeine Rohstofflage

Wichtigstes Ergebnis der äußerst umfangreichen Arbeiten zur geologischen Untersuchung des Landes während der Jahre der Sowjetmacht ist die Schaffung einer mächtigen mineralischen Rohstoffbasis, die den Bedarf der Volkswirtschaft des Landes an nutzbaren Rohstoffen während aller Etappen des Aufbaus des Sozialismus absichert.

Die mineralischen Rohstoffressourcen der Sowjetunion reichen nicht nur zur Befriedigung der ständigen Bedürfnisse der bergbautreibenden Industrie aus, sondern auch zu deren Ausbau in den nächsten 10 bis 15 Jahren, bei einigen Rohstoffarten sogar über einen längeren Zeitraum hinweg. Die mineralischen Rohstoffressourcen waren jene materielle Basis, auf der die Elektrotechnik, die Radiotechnik, der Raketenbau, der kosmische, atomare und andere neue Zweige der Industrie geschaffen wurden und sich erfolgreich entwickeln konnten. Im Erdinneren des Territoriums der UdSSR wurden alle Rohstoffarten nachgewiesen, die in der Praxis sowohl für die traditionellen als auch für die neuen, im Gefolge der wissenschaftlich-technischen Revolution geschaffenen Industriezweige erforderlich sind.

Die geologischen Entdeckungen in der UdSSR ermöglichten eine bessere Standortverteilung der Produktivkräfte. Sie bildeten die Grundlage für die Errichtung neuer Industriezentren, brachten industrielles Leben in ehemals unbevölkerte Gebiete und hoben die Wirtschaft vieler Republiken und Gebiete der UdSSR auf ein höheres ökonomisches Niveau.

Die Erfolge der geologischen Erkundungstätigkeit in der UdSSR sind auch dadurch bedingt, daß sie planmäßig, komplex, nach einheitlichen Methoden und mit so umfassendem Schwung geführt wurden, wie ihn kein Land der Welt bisher kannte. Die positiven Ergebnisse wurden durch solche natürlichen Faktoren wie Weite des Territoriums und Vielfalt seines geologischen Baues gefördert. Auf dem Territorium der UdSSR sind im Prinzip alle geologischen Hauptkomplexe vertreten, die es auf der Erde gibt. Diese Tatsache bestimmt die Möglichkeit des Vorhandenseins aller Rohstoffarten im Erdinnern des Landes sowie das riesige mineralische Rohstoffpotential.

Die geologischen Erkundungsarbeiten wurden in der UdSSR eine staatliche Angelegenheit. Sie werden im Rahmen eines einheitlichen Geologischen Dienstes durchgeführt, dessen Entwicklung bereits zu Lebzeiten LENINs und unter seiner unmittelbaren Teilnahme begann und sich im weiteren unter der Leitung der Kommunistischen Partei und der Sowjetregierung vollzog.

Die geologischen Untersuchungen haben tiefgreifende qualitative Veränderungen durchgemacht. Früher stützten sie sich hauptsächlich auf einzeln arbeitende Enthusiasten. Jetzt sind sie Sache großer wissenschaftlicher bzw. produktionsdurchführender Kollektive. An die Stelle empirischer Methoden treten die der wissenschaftlichen Prognose, die sich auf die Erkenntnis der Gesetzmäßigkeiten geologischer Prozesse in der Erdrinde gründen. In die Geologie fanden auf der Basis moderner Wissenschaft und Technik komplizierte Geräte und genaue Untersuchungsmethoden Eingang. Die primitive Technik der zwanziger Jahre gehört ganz und gar der Vergangenheit an. Heute werden geologische Untersuchungen mit leistungsfähigen Maschinen ausgeführt, die das Vordringen in große Tiefen ermöglichen, sowie mit modernen Transportmitteln für das Erreichen der entferntesten Gebiete. Unvergleichlich vergrößert hat sich der Strom geologischer Informationen, für deren Bearbeitung EDVA und andere moderne Mittel eingesetzt werden. Die Geologie trat in eine qualitativ neue Entwicklungsphase ein, die gekennzeichnet wird durch ein starkes Anwachsen der Lösungsmöglichkeiten schwieriger geologischer Aufgaben und durch die Erzielung großer Ergebnisse bei geologischen Untersuchungen.

Die Bildung von Kohlenwasserstoffen beim thermischen Zerfall organischer Substanz

Ein Versuch der mathematischen Modellierung des Prozesses mit Hilfe der EDV

B. TISSOT, Paris

1. Einleitung

Das Ziel der geochemischen Untersuchung eines erdölhöffigen Sedimentbeckens besteht darin, zu bestimmen, in welchen Zonen Erdöl gebildet wurde und, nach Möglichkeit, für jede geologische Einheit eine Karte der Erdölmenge aufzustellen, die sich in jedem Punkt des Beckens gebildet hat.

Die Umwandlung der organischen Substanz (OS) im Erdinnern hängt von ihrer primären Zusammensetzung ab und wird wie jede chemische Reaktion von der Temperatur, dem Druck und den möglichen Katalysatoren beeinflußt. Die Tone des unteren Toarcien im Pariser Becken sind in dieser Hinsicht außerordentlich interessant, weil sich die Ablagerungsbedingungen, die mineralogische Zusammensetzung der Sedimente und die in damaliger Zeit lebenden Organismen im östlichen und zentralen Teil des Beckens durch eine große Beständigkeit auszeichneten. Darum können Veränderungen, die von einer Bohrung zur anderen beobachtet werden, den Parametern zugeschrieben werden, die mit der Absenkung verbunden sind, d. h. der Temperatur und dem Druck. Die tektonische Geschichte des Beckens ist sehr einfach. In jedem Punkt kann der Absenkungsverlauf rekonstruiert werden. Außerdem sind die Tone reich an OS (allgemein 4 bis 10% organischer Kohlenstoff = C_{org}).

2. Geochemische Beobachtungen

Die feinzerkleinerten Gesteinsproben wurden in der Soxhletapparatur zunächst mit Chloroform und später mit einem Gemisch aus drei Komponenten (Methanol 15%, Azeton 15%, Benzol 70%, kurz MAB) bis zur Erschöpfung extrahiert. Der Extrakt $CHCl_3$ wurde nach LOUIS & TISSOT (1967) in Kohlenwasserstoffe (KW), Teere (T) und Asphaltene (AS) fraktioniert. Die unlösliche organische Substanz (OS) wird als Kerogen[1]) bezeichnet.

Es wurde festgestellt, daß der Temperaturanstieg mit zunehmender Teufe der Hauptfaktor der Evolution von OS ist. Dieser Anstieg bewirkt das Entstehen von Erdöl auf Kosten des Kerogens. Der Grad der Umwandlung von OS in Erdöl kann aus folgender Beziehung bestimmt werden:

$$\frac{\text{KW} + \text{Teer} + \text{Asphaltene}^{2)}}{\text{gesamte } C_{org}}$$

Diese Größe (β), d. h. der Anteil der Erdölkomponenten (Bitumoiden) in Gramm pro 1 Gramm des gesamten organischen Kohlenstoffs, ist in Abb. 1 in Abhängigkeit von der maximalen Absenkungstiefe der Toarcien-Ablagerungen nach 23 Bohrungen dargestellt. Am Anfang ist der Wert β klein, steigt jedoch später schnell mit der Teufe an. Das gleiche Verhalten zeigen

Aus: „Iswestija Akademii Nauk SSSR", serija geologitscheskaja (1970), Nr. 5 S. 80–88, 7 Abb., 3 Lit.
Übers.: H.-J. VOIGT, Berlin.

[1]) In diesem Falle erfolgte ein terminologischer Fehler. Kerogen ist laut Erfinder dieses Ausdrucks, Prof. A. CRUM-BROWN (1912), die gesamte OS des Gesteins, nicht nur sein entbituminisierter, obwohl stark überwiegender Teil.

[2]) Die Beziehung wird in der sowjetischen Literatur als Bitumoidkoeffizient (β) bezeichnet und allgemein in % ausgedrückt (im Unterschied zum Autor).

auch die Kohlenwasserstoffe (Abb. 1). (Die Beziehung des KW-Gehalts im Gestein zum Gehalt des C_{org} in ihm wird in der sowjetischen Literatur mit μ_3 bezeichnet und in % angegeben.)

Gleichzeitig verändert sich auch die Zusammensetzung der sich bildenden Produkte. Der Gehalt an Naphthenen, die im 4., 5. und 6. Zyklus direkt aus der lebenden Substanz entstehen, verringert sich mit der Teufe ebenso wie die optische Aktivität dieser Kohlenwasserstoffe als Funktion ihrer Struktur. Unter den aromatischen und naphthenaromatischen KW ist sowohl eine progressive Zunahme der Beziehung aromatische Zyklen/Naphthenzyklen als auch eine Abnahme des mittleren Molekulargewichts zu beobachten (LOUIS & TISSOT 1967).

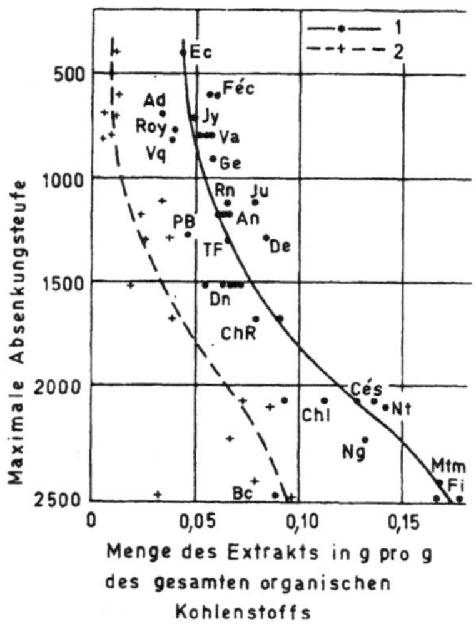

Abb. 1. Gehalt von Kohlenwasserstoffen (KW), Teeren und Asphaltenen (d. h. Gehalt von Chloroformbitumoid — ClB) in den Tonen des unteren Toarcien des Pariser Beckens (in g pro g des gesamten organischen Kohlenstoffs — C_{org}) in Abhängigkeit von der maximalen Absenkungsteufe

Die Punkte mit den Indexen Ad, Ec usw. bezeichnen Bohrungen. 1 — KW + T + AS; 2 — nur KW

3. Die Festlegung des Reaktionsschemas

Im Gegensatz zu anderen Komponenten nimmt die Anzahl der heterogenen Verbindungen mit hohem Molekulargewicht (Extrakt MAB) auf Grund der Bildung leichterer Verbindungen, die ärmer an Heteroatomen (N, S, O) oder gänzlich ohne sie (wie zum Beispiel KW) sind, mit der Teufe stark ab. In Abb. 2 ist die Veränderung der Beziehung zwischen den vier Substanzgruppen: 1. Kerogen (A), 2. heterogenen schweren Verbindungen, die in den Extrakt MAB eingehen (B), 3. Teeren und Asphaltenen (T + AS) und 4. Kohlenwasserstoffen (KW) dargestellt. Die Gesamtheit (T + AS) + KW wird mit dem Buchstaben V bezeichnet. [In der UdSSR ist es üblich, diese Substanz als Bitumoid, im gegebenen Falle als Chloroformbitumoid (ClB) zu bezeichnen.]

Der Kohlenstoffanteil, der in jeder Komponente enthalten ist, verändert sich mit Zunahme der maximalen Absenkungsteufe und mit dem entsprechenden Temperaturanstieg.[3]) Deshalb kann man an Hand der Absen-

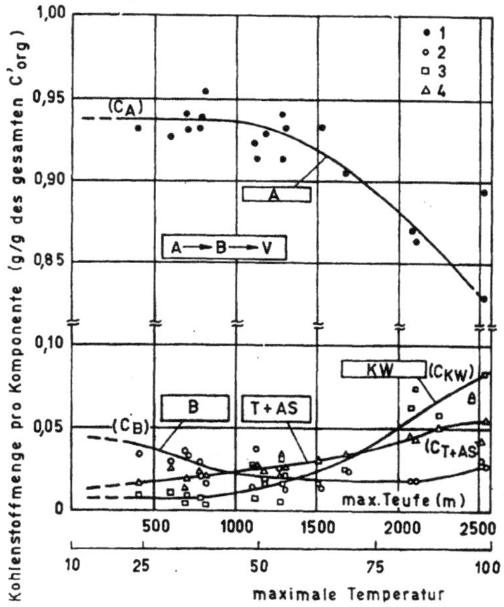

Abb. 2. Entwicklung des Transformationsprozesses der Komponenten $A \to B \to V$ in Übereinstimmung mit den erreichten maximalen Teufen und der Temperatur (unteres Toarcien des Pariser Beckens)

Die Entwicklung des Prozesses wird an Hand des Kohlenstoffanteils der verschiedenen Komponenten bestimmt. Die Berechnung erfolgt pro Gramm des Gesamtgehalts an C_{org}.

1 — C_A = Anteil des gesamten C_{org} (im jeweiligen Gestein), der auf das debituminisierte Kerogen (die unlösliche organische Substanz) entfällt;
2 — C_B = Anteil des gesamten C_{org} im Extrakt MAB (saures Bitumoid);
3 — C_{KW} = Anteil des gesamten C_{org} in den KW (Ölen);
4 — C_{T+AS} = Anteil des gesamten C_{org} in Teeren und β = (ClB) Asphaltenen β = (ClB) = Menge (C_A), (C_B), (C_{KW}) und (C_{AS+T}), die auf folgende Weise bestimmt wurde (Beispiel C_{KW}): Sie ist gleich der Menge KW (in der organischen Substanz), die 1 g C_{org} enthält, multipliziert mit dem Gestein des Kohlenstoffs in den KW (aus Versuchswerten). Im Endresultat ist

$$(C_A) + (C_B) + (C_{KW}) + (C_{T+AS}) + (C_{\text{verluste}}) = 1$$

kung die Umwandlung des (entbituminisierten) Kerogens A in die Erdölkomponenten V beobachten. Die Ergebnisse gestatten die Schlußfolgerung, daß die schweren heterogenen Verbindungen B die Rolle des unfreiwilligen Vermittlers zwischen dem Kerogen A und dem Bitumoid V spielen. Diese Hypothese fundiert auf der schnellen Abnahme des sauren Extrakts (Abb. 2) in dem Gebiet, in dem sich Kohlenwasserstoffe bilden. Um die Hypothese zu überprüfen, führten LOUIS & TISSOT (1967) Versuche mit Toarcien-Tonen des Pariser Beckens durch. Kohlenwasserstoffe (KW), Teere (T) und Asphaltene (AS) wurden durch Lösungsmittel extrahiert. Im Gestein verblieben nur Kerogen (sein unlöslicher Teil)

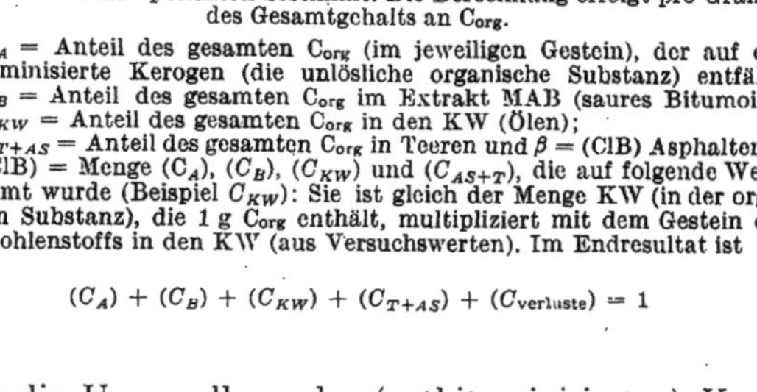

Abb. 3. Veränderung der Gehalte an (KW + T + AS) (d. h. von ClB), die sich in Übereinstimmung mit der erreichten maximalen Temperatur (in °K) gebildet haben (unteres Toarcien des Pariser Beckens)

[3]) Der Wert dieses Parameters besteht darin, daß der Kohlenstoffgehalt die einzige Größe ist, die leicht bei einer Kerogenanalyse bestimmt werden kann.

und schwere Komponenten mit Heteroatomen (Extrakt MAB). Danach wurden die Gesteinsproben im Labor solchen Drücken und Temperaturen ausgesetzt, die den Bedingungen des tiefen Beckens (180 °C) entsprechen. Es wurde die Bildung von KW, T und AS beobachtet (zusammen ergibt das ClB), der die kurzzeitige Bildung einer neuen Menge des Extrakts MAB voranging (LOUIS & TISSOT 1967, Abb. 9 A).

Die Umwandlung kann durch folgendes Reaktionsschema illustriert werden, wobei jede der Komponenten A, B und V in Wirklichkeit eine große Anzahl individueller Verbindungen darstellt, die sich gleichzeitig oder nacheinander bilden.

A ----------→	B --------→	V
(Kerogen) (entbituminisiert)	(schwere Verbindungen mit Heteroatomen N, S, O), (saures Bitumoid, das nach dem Chloroformbitumoid herausgeteilt wird)	(Kohlenwasserstoffe, Teere, Asphaltene), (Chloroformextrakt)

In Abb. 2 ist zu erkennen, daß eine Temperaturerhöhung die Reaktion A → B beschleunigt. Doch ist dieser Einfluß erst über 60 °C zu spüren. Unterhalb dieser Temperatur ist er weniger zu merken, und der Gehalt von B und V wird von den Bedingungen bestimmt, die in den jungen Ablagerungen vorherrschten (im Stadium der Diagenese im engeren Sinne).

Die Umwandlung $B \to V$ (d. h. der sauren Bitumoide in neutrale ClB) ist stark temperaturabhängig. Der Gesamtgehalt von V (KW, T, AS) ändert sich ungefähr nach der Exponentialfunktion $\frac{1}{T}$ (Abb. 3), wobei T die erreichte absolute Temperatur ist.

Um den Reaktionsmechanismus besser verstehen zu können, müßte man die Struktur des Kerogens kennen, die z. Z. noch wenig bekannt ist. Man kann sich jedoch auf Grund einiger Ergebnisse, die durch Anwendung einer Reihe von Methoden erhalten wurden, eine annähernde Vorstellung von ihr machen. Solche Methoden sind: 1. der thermische Zerfall, 2. die Diffraktion von Röntgenstrahlen, 3. die infrarote Strahlung und 4. Analogievergleiche mit dem Bau der Kohle, wie es von TISSOT (1969) vorgeschlagen wurde. Die Makromoleküle des Kerogens sind aller Wahrscheinlichkeit nach Gebilde ähnlich einem gigantischen, dreidimensionalen Polymer (einer hochmolekularen Substanz). Kondensiertere Ringe haben scheinbar eine naphthen-aromatische Struktur. Die Verbindung zwischen diesen Ringen oder mit anderen weniger kondensierten erfolgt wahrscheinlich durch Gruppen mit Heteroatomen.

In dem Maße, wie Absenkungsteufe und Temperatur zunehmen, zerreißen nacheinander die Bindungen vom Typ C-S, C-O und manchmal auch C-C, wobei die Polykondensation der Substanz zunimmt, wie es aus der infraroten Strahlung zu erkennen ist. Der Zerfall der genannten Bindungen setzt einen Teil Sauerstoff und andere Heteroatome in Form von H_2O, CO_2 usw. frei, und es entstehen kleinere Strukturen (Bitumoide) (B), die sich schon durch Lösungsmittel vom Typ MAB extrahieren lassen. Sie enthalten noch Heteroatome, haben wahrscheinlich ein hohes Molekulargewicht, sind aber schon eine wichtige Etappe zwischen Kerogen und den Erdölkomponenten (so bezeichnet der Autor Chloroformbitumoid — ClB).

Auf die gleiche Weise sind die schweren Elemente mit Heteroatomen einem progressiven Umbau (wobei sie die Heteroatome an den Bindungsgliedern verlieren) und einer Differentation (Disproportionierung) unterworfen. So entsteht eine Reaktionskette, beginnend bei den schweren und hochkondensierten Strukturen und endend bei den Kohlenwasserstoffen. Die Gesamtheit dieser Umwandlungen kann durch ein Reaktionsschema, wie in Abb. 4 gezeigt, illustriert werden.

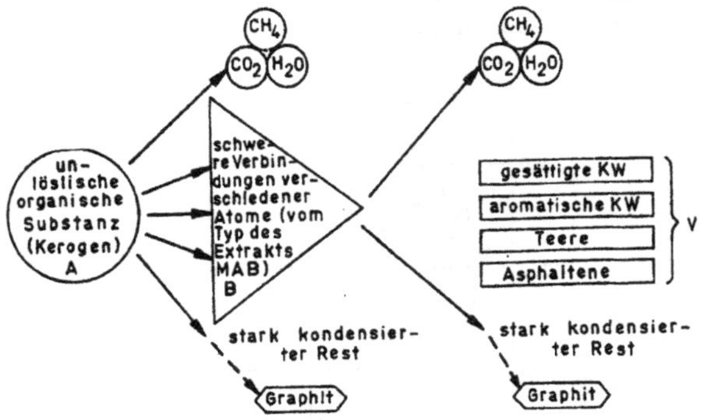

Abb. 4. Degradierungsschema des Kerogens

4. Modellierung eines kinetischen Modells für die Rechenmaschine

Z. Z. ist es noch nicht möglich, in allen Details den Charakter der Umformung dieser oder jener Komponente der organischen Substanz zu erkennen. Man muß sich deshalb mit einem allgemeinen Schema begnügen (Abb. 4) und versuchen, dieses zu modellieren.

Der bedeutendste Vorteil eines solchen kinetischen Modells ist das Einbeziehen der Zeit und der Temperatur, d. h., die geologische Geschichte der Sedimente nach ihrer Ablagerung wird berücksichtigt.

Das Modell muß es gestatten, die Menge des sich bildenden Erdöls in jedem Punkt des Beckens, ausgehend von der geologischen Geschichte der Toarcien-Ablagerungen, zu berechnen. Danach muß man die berechneten und beobachteten Werte gegenüberstellen. Ihre gute Übereinstimmung bestätigt die Anwendungsmöglichkeit des Modells für die Darstellung der Naturerscheinungen und erlaubt, das Modell in der Zukunft weiterzuverwenden.

Ausgehend vom Reaktionsschema (Abb. 4) führen wir folgende Bezeichnungen ein:

(1)
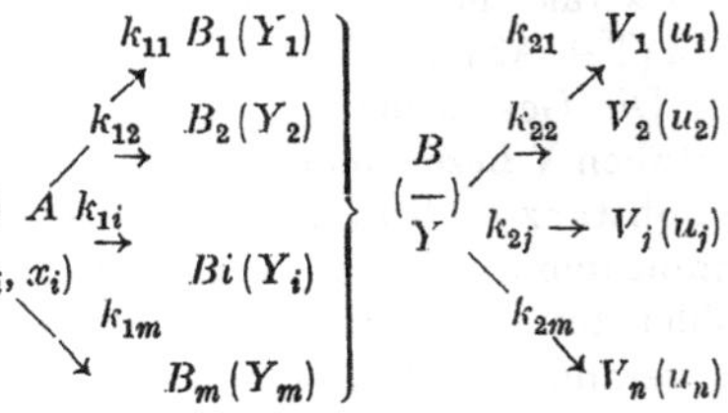

Im Augenblick t stellt n_i die Anzahl der Bindungen des gegebenen Typs i, x_i die Menge der Substanz, die an der i-ten Reaktion (dem Zerfall der Bindungen i) teilnimmt, Y_i und u_j die Anzahl der Komponenten B (saures Bitumoid) und V (neutrales Bitumoid) dar. Die Mengen, die in den natürlichen Proben bestimmt wurden, sind x (Kerogen), y (Extrakt MAB) und $u_1, u_2 \ldots$ (Chloroformextrakt, der gesättigte und aromatische Kohlenwasserstoffe, Teere und Asphaltene enthält).

Wie oben schon erwähnt, stellt der Pfeil $A \rightarrow B$ ein System gleichzeitiger Reaktionen (das bedeutet, daß die Wahrscheinlichkeit des Zerfalls der jeweiligen Bindung unabhängig vom Vorhandensein anderer ist) und/oder nacheinander stattfindender Reaktionen dar. Wenn man voraussetzt, daß die Wahrscheinlichkeit des Zerfalls einer Bindung unabhängig von der vergangenen Zeit ist, dann folgt der Zerfall der Bindungen nach dem POISSON-Gesetz, das in der Natur sehr verbreitet ist, d. h.

$$-\frac{dn_i}{n_i} = K_{1i}\, dt$$

wobei K eine konstante Größe bei einer gegebenen Temperatur ist.

Mit Hilfe einiger einfacher Umformungen kann man beweisen (TISSOT 1969), daß die gesuchten Mengen x und u_j die Lösung des Systems folgender Differentialgleichungen sind:

$$\text{II} \begin{cases} -\dfrac{dx_i}{dt} = k_{1i} x_i & (1) \\ \dfrac{du_j}{dt} = k_{2j} y & (2) \\ y = \sum\limits_i y_i & (3) \\ \sum\limits_i x_{i0} + \sum\limits_i y_{i0} + \sum\limits_j u_{j0} = \sum\limits_i x_i + \sum\limits_i y_i + \sum\limits_j u_j & (4) \end{cases}$$

wobei 0 die jeweilige Menge im Augenblick $t = 0$ angibt.

Es ist deutlich zu erkennen, daß dieses System von Differentialgleichungen (II) mit Hilfe einfacher Funktionen nicht integriert werden kann, wenn man annimmt, daß sich k mit der absoluten Temperatur T nach einem Gesetz, gleich dem ARRENIUS-Gesetz, ändert, das verhältnismäßig gut mit unseren Versuchsergebnissen übereinstimmt:

$$k_{1i} = A_{1i} e^{-\frac{E_{1i}}{RT}}$$

Folglich kann man auf der Rechenmaschine mit Hilfe einer Zahlenintegration das jeweilige Beispiel modellieren, wobei sich die Temperatur in Abhängigkeit von der Zeit nach einer bestimmten Gesetzmäßigkeit ändert, die durch die geologische Rekonstruktion des Absenkungstempos der Toarcien-Ablagerungen bestimmt werden kann. Die Bestimmung der Größen A und E erfolgt zweimal. Die Größenordnung wurde aus unseren Beobachtungen und Versuchen abgeleitet; die optimale Angleichung erfolgte danach durch Iteration (einer Methode der fortlaufenden Annäherung) der berechneten Größen auf der einen Seite und der beobachteten Größen auf der anderen.

In Abb. 5 ist als Beispiel die Bildungskurve der Erdölkomponenten (KW, AS, T) aus der organischen Substanz gezeigt, die 1 g C_{org} enthält. Die Kurve wurde durch Modellierung der Bedingungen, die charakteristisch für den Schluffstein des unteren Toarcien in der Bohrung Ecciz sind, berechnet. Die Ergebnisse für die Gesamtheit aller 23 Bohrungen zeigen die ausgezeichnete Übereinstimmung der berechneten Werte der Erdölkomponenten (ClB) und der Werte, die bei der direkten Untersuchung der Gesteinsproben erhalten wurden (Abb. 6). Der Korrelationskoeffizient beträgt 0,90 und erreicht 0,96, wenn man eine Bohrung ausklammert, bei der die Beziehungen der Komponenten in der natürlichen Probe anscheinend anomal im Vergleich zu den benachbarten Bohrungen sind.

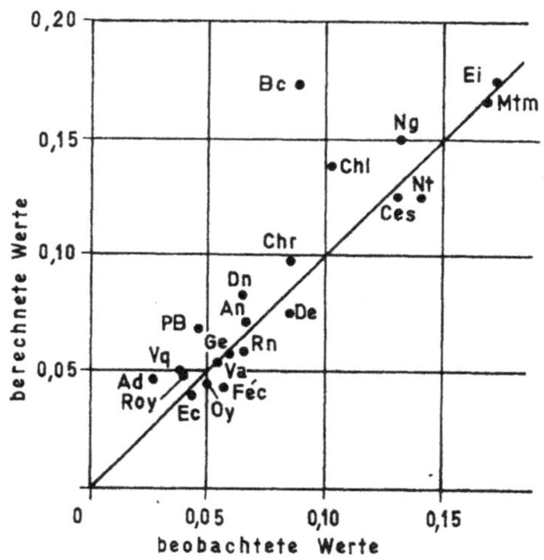

Abb. 6. Verhältnis des Gehalts der (KW + T + AS) (ClB), bestimmt in den Schluffsteinen des Toarcien des Pariser Beckens einerseits und berechnet mit der Rechenmaschine durch Modellierung des kinetischen Reaktionsschemas andererseits

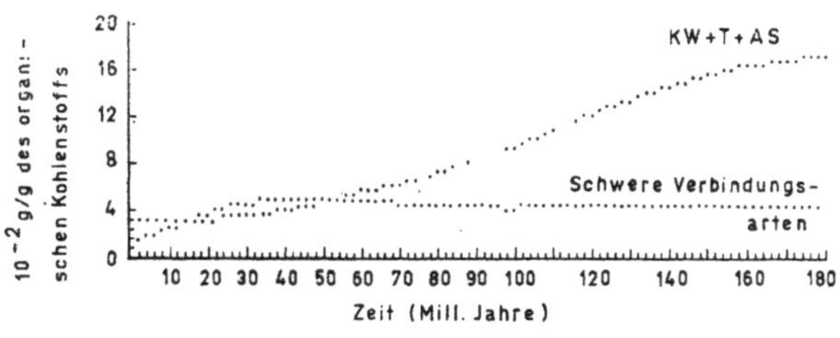

Abb. 5. Gehalt der Erdölkomponenten (KW, T, AS) (d. h. der Gehalt an ClB) und der schweren Verbindungen mit Heteroatomen (d. h. des Extrakts MAB) in den Schluffsteinen des Toarcien (Bohrung Ecciz) als Funktion der geologischen Zeit

5. Die Anwendung bei Such- und Erkundungsarbeiten

Das erste Versuchsobjekt der Anwendung des von uns entwickelten mathematischen Modells waren die Mergel des Bajocien im Pariser Becken, die als Muttergestein der Erdöllager im Dogger dieses Beckens angesehen werden.

Die Absenkungskurven des Bajocien für verschiedene Zeiten wurden für eine genügend große Anzahl von Punkten rekonstruiert (siehe Netz in Abb. 7). Die Menge des sich bildenden Erdöls (ClB) wurde in jedem Punkt nach der obendargelegten Methode berechnet. Danach war es möglich, Isotransformationskurven (entsprechend der katagenetischen Veränderung) der organischen Substanz (in Gramm pro Gramm des Ausgangskohlenstoffs C_{org}) zu konstruieren. Diese Kurven entsprechen dem Bitumoidkoeffizient β^{ClB}, der nicht in %, sondern in

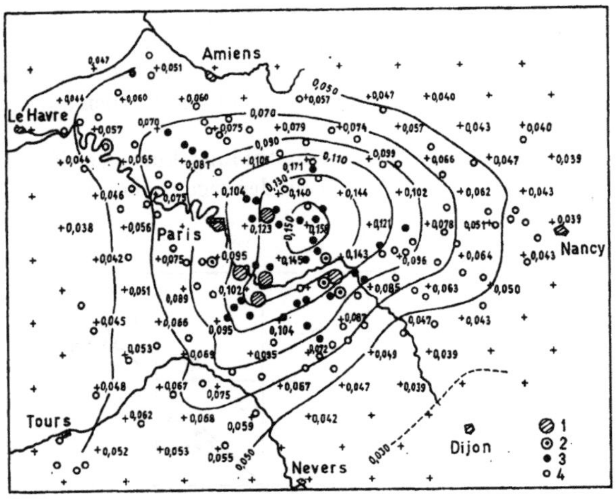

Abb. 7. Isolinien gleicher Transformation (Umwandlung) der organischen Substanz (OS) in den Mergeln des Bajocien des Pariser Beckens

Der Grad der Umwandlung der OS wird durch die Größe der Beziehung ClB/C_{org} gesamt bestimmt (diese Beziehung entspricht dem Bitumoidkoeffizienten β^{ClB}, wird jedoch nicht in %, sondern in Anteilen pro Einheit angegeben).

1 – Erdöllager; 2 – produktive Bohrungen; 3 – Erdölanzeichen; 4 – trockene Bohrung. Die Isolinien beziehen sich auf die Werte von β^{ClB}, in Anteilen pro Einheit (um die Werte in % umzuformen – wie es in der UdSSR üblich ist –, muß man sie mit 100 multiplizieren).

Anteilen pro Einheiten angegeben wird. Auf diese Weise wurden Zonen herausgegliedert, in denen sich das Muttergestein als am produktivsten erwies (die Verteilung der ursprünglichen organischen Substanz in den Mergeln des Bajocien war auf dem gesamten Territorium verhältnismäßig gleichmäßig).

Tatsächlich ist in Abb. 7 eine gute Übereinstimmung zwischen der Produktivität (der Karte des Bitumoidkoeffizienten β) und den Ergebnissen der Bohrungen zu erkennen:

Alle Lagerstätten, die im Dogger bekannt sind, befinden sich innerhalb der Isotransformationskurve 0,110 ($\beta^{ClB} = 11\%$); alle bemerkenswerten Erdölanzeichen befinden sich innerhalb der Isolinie 0,08 (mit einer Ausnahme);

außerhalb der Isolinie 0,08 erwiesen sich alle Bohrungen als trocken.

Zusammenfassung

Die mathematische Modellierung des Bildungsprozesses von Erdöl gestattet, in die Berechnung die Zeit und die Temperatur einzubeziehen und unter Berücksichtigung der geologischen Geschichte richtig ihre geochemische Rolle einzuschätzen.

Die gute Übereinstimmung der berechneten und beobachteten Werte für den Schluffstein des Toarciens und die Ergebnisse, die bei einer Analyse der Verteilung der Erdöllager im Dogger des Pariser Beckens erhalten wurden, beweisen den allgemeinen Wert des verwendeten Reaktionsschemas. Seine Anwendung für das Miozän–Pliozän-Becken von Los Angeles gab ebenfalls zufriedenstellende Ergebnisse (DERRO u. a. 1969).

Die von uns vorgeschlagene Modellierungsmethode gestattet (beim Vorhandensein von geologischen und geochemischen Werten), mit annähernder Genauigkeit die Erdölmenge zu bestimmen, die sich im Gestein während ihrer Entstehung in jedem beliebigen Punkt des Beckens bildete.

Auf diese Weise kann man die günstigsten Zonen herausfinden, in denen das Muttergestein am produktivsten war (wo sich Maxima an ClB und KW anreicherten). Dazu genügt es, daß man aus einer verhältnismäßig geringen Anzahl von Kernen geochemische Werte besitzt (um die Konstanten zu bestimmen, die der untersuchten Formation eigen sind), daß man die geologische Geschichte des Beckens kennt und daß man Angaben über den geothermischen Gradienten besitzt. Es ist selbstverständlich, daß bei der Berechnung der Gehalt der organischen Substanz und die Mächtigkeit der geologischen Formation berücksichtigt werden.

Schließlich liefert die Modellierung erste, noch annähernde Werte über die Zeit und die Geschwindigkeit der Erdölbildung. Eine Gegenüberstellung dieser Werte mit den Epochen tektonischer Bewegungen kann bei der Entdeckung der günstigsten Erdölfallen wesentlich helfen.

Literatur

DERRO, G., B. DURAND, J. ESPITALIE, R. PELET & B. TISSOT: Possibilités d'application des modèles mathematiques de formation du pétrole à la prospection dans les bassins sédimentaires. – Adv. in Organic Geochem., p. 345–358 (1969).

LOUIS, M., & B. TISSOT: Influence de la température et de la pression sur la formation des hydrocarbures dans les argiles à kérogène. – 7e Congrès Mondial du Pétrole, Mexico, vol. 2, p. 47–60 (1967).

TISSOT, B.: Premières données sur les méchanismes et la cinétique de la formation du pétrole les sédiments. Simulation d'un schéma réactionnel sur ordinateur. – Rev. Inst. Franç., Pétrole, vol. XXIV, Nr. 4 (1969).

Tiefenbrüche und Kohlenwasserstofflager[1)]

W. P. GAWRILOW, UdSSR

Wie ist das Erdöl entstanden: organisch oder anorganisch? Die Lösung dieses Problems ist nicht nur von theoretischer, sondern auch von großer praktischer Bedeutung; denn damit stehen die Wahl der Richtungen und die Methodik der Such- und Erkundungsarbeiten auf Erdöl und Erdgas im Zusammenhang.

Die Anhänger der anorganischen Synthese des Erdöls versuchen zu beweisen, daß Erdöl und Erdgas in den Tiefen der Erde entstanden und auf Tiefenbrüchen in die oberen, lockeren Schichten der Erdkruste migriert sind. Eines der Hauptargumente zugunsten dieser Hypothese ist der räumliche Zusammenhang zwischen den Lagerstätten der Kohlenwasserstoffe und den Tiefenbrüchen der Erdkruste (N. A. KUDRJAWZEW 1963). Betrachtet man z. B. eine Übersichtskarte der Erdöl- und Erdgaslagerstätten der jungen Tafeln in der Sowjetunion (Westsibirien, Mittelasien und Kaukasusvorland), so ist dieser empirische Zusammenhang augenfällig (Abb. 1). Die statistische Analyse zeigt, daß in den bruchnahen Zonen mit einer Breite von 10 bis 12 km die Zahl der produktiven Strukturen rasch zunimmt, während mit wachsender Entfernung vom Bruch die Erdöl- und Erdgaslager verschwinden. Womit kann man eine solche Erscheinung erklären?

Aus: „Priroda", Nr. 11/1970, S. 64–67.
Übers.: Dipl.-Min. WOLFGANG OESTREICH, ZGI, Berlin.

1) Der Zusammenhang zwischen Erdöl- und Erdgaslagerstätten und Tiefenbrüchen in der Erdkruste wird in der letzten Zeit in der sowjetischen Fachliteratur in weitem Rahmen diskutiert. Der Verf. behandelt einen Aspekt dieses Problems, das aber trotzdem umstritten bleibt.

Zeitschrift für angewandte Geologie, Bd. 17 (1971), Heft 10

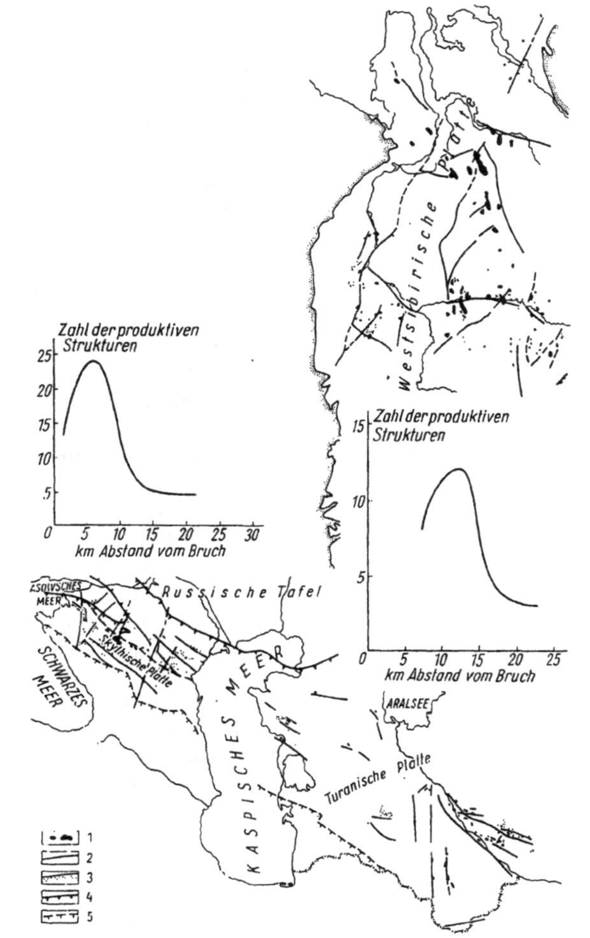

Abb. 1. Übersichtskarte der Erdöl- und Erdgaslagerstätten auf den epipaläozoischen Tafeln der UdSSR

links – das Territorium des Kaukasusvorlandes (Skythische Platte); rechts – das Territorium Westsibiriens und Mittelasiens (Turanische Platte). Die für das Kaukasusvorland (A. I. CHOLIN) und Mittelasien (R. I. BYKOW u. a.) angefertigten Diagramme zeigen, daß mit Annäherung an die Bruchzone die Zahl der Erdöl- und Erdgaslagerstätten stark zunimmt.

1 – Erdöl- und Erdgaslagerstätten; 2 – einige regionale Brüche des Fundaments (Westsibirische Platte nach W. L. MARKEWITSCH & JU. T. AFANASJEW 1968; Skythische Platte nach N. JU. USPENSKAJA & JU. A. SUDARIKOW 1962); 3 – Grenze des Urals; 4 – Grenze der Russischen Tafel; 5 – Südgrenze der Skythisch-Turanischen Platte

Bekanntlich sind die Tiefenbrüche eine besondere Struktur der Erdkruste, gekennzeichnet durch linearen Verlauf, große Erstreckung, mehrphasige Entwicklung und tiefes „Eindringen" in die Erdkruste. Die Tiefenbrüche liegen gewöhnlich als schmaler Streifen (20 bis 30 km Breite) zwischen den großen Blöcken der Erdkruste und bedingen deren autonome Entwicklung. In den Wirkungsarealen solcher Brüche entstehen Bedingungen für die Akkumulation von Sedimenten, die sich von den Verhältnissen der benachbarten Territorien unterscheiden.

Vom Gesichtspunkt der Erdöl- und Erdgasgeologie ist es am interessantesten, die Entwicklungsbesonderheiten der Tiefenbrüche in der Tafeletappe zu untersuchen, d. h. während der Periode, in der die Sedimente der Tafelhülle, die praktisch alle heute bekannten Erdöl- und Erdgaslager enthalten, akkumuliert wurden. Am Beispiel der jungen Mittelasiatischen Tafel (Turanischen Platte) ist besonders deutlich erkennbar, daß man alle Tiefenbrüche in drei Hauptkategorien gliedern kann: in Tiefenbrüche, die nicht bis in die Tafelhülle hineinreichen, in Tiefenbrüche mit ununterbrochener (kontinuierlicher) Entwicklung und in regenerierte Tiefenbrüche.

Die nicht bis in die sedimentäre Hülle reichenden Tiefenbrüche kamen offensichtlich in der Vortafeletappe zur Ausbildung, und sie wirken sich nicht auf die akkumulierten Mächtigkeiten aus. Sie sollen hier nicht behandelt werden. Die Brüche mit kontinuierlicher Entwicklung treten im Verlauf der gesamten Tafeletappe in Erscheinung. Am aktivsten sind sie hierbei in den Anfangsperioden der Bildung der Tafelhülle (Permotrias und Jura), im Neogen und Anthropogen läßt ihre Aktivität allmählich nach, und in einigen Fällen hört sie auch ganz auf. Die regenerierten (wiederaufgelebten) Brüche entwickeln sich in mehreren Etappen: aktive Etappe – Permotrias, Jura; passive Etappe – Kreide, Paläogen (die Brüche üben auf die Verteilung der Mächtigkeiten und der lithofaziellen Komplexe praktisch keinen Einfluß aus); regenerierte Etappe – Ende des Paläogens. Die letzte Etappe ist in der Charakteristik der regenerierten Brüche besonders wichtig: In dieser Zeit erfolgt an ihnen eine Differentialbewegung der Blöcke des Fundaments, was zu einer Erosion der in ihnen früher akkumulierten Ablagerungen führt.

Die Regimebesonderheiten der Tiefenbrüche der Erdkruste üben in der Tafeletappe ihrer Entwicklung auf eine Reihe geologischer Faktoren, welche die Bildungsprozesse der Erdöl- und Erdgaslager bestimmen, einen wesentlichen Einfluß aus. Hierzu gehören in erster Linie die sogenannten regionalen Hutgesteine, d. h. mächtige Gesteinsfolgen (mit einer Mächtigkeit von Dutzenden und Hunderten von Metern), die räumlich weit ausgebildet sind und praktisch kein Wasser, Erdöl und Erdgas hindurchlassen. Am häufigsten bestehen diese Ablagerungen aus Ton, Steinsalz, Anhydrit oder Gips.

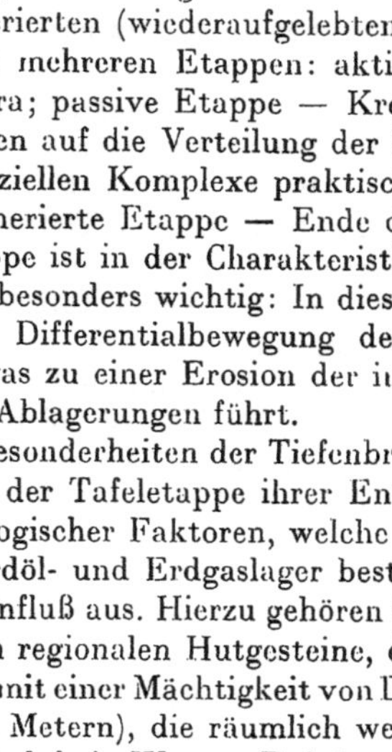

Abb. 2. Gemittelte Diagramme des Wachstums der regionalen Brüche und der lokalen Hebungen, die in ihrem Wirkungsbereich liegen

Die Veränderung der Amplitude des Wachstums der Tiefenbrüche der Turanischen Platte und der lokalen Hebungen dieses Territoriums fällt zeitlich zusammen, was von ihrer synchronen Entwicklung zeugt.

1 – Kurve für die Brüche; 2 – Kurve für die Hebung

Die unterirdischen Wässer, das Erdöl oder Erdgas, die sich in durchlässigen Gesteinen nach oben bewegen, treffen auf ihrem Wege auf schwerdurchlässige Folgen (Hutgesteine), akkumulieren sich unter ihnen und bilden ein Lager. Auf experimentellem Wege wurde bewiesen, daß die Höhe solcher Lager ein Mehrfaches der Mächtigkeit des Tonhutgesteins betragen kann. Für Erdgaslager ist dieses Verhältnis gleich 4, für Erdöllager gleich 7 (N. A. PLOTNIKOW 1968). In einer Reihe von Fällen sind jedoch trotz der Existenz mächtiger toniger und salzführender Hutgesteine (mit einer Mächtigkeit bis 300—500 m) Übertritte von Schichtwässern, Erdöl und Erdgas aus den unteren Komplexen in die höherliegenden zu beobachten. Auf Mangyschlak z. B. sind Übertritte von Schichtwässern durch eine dreihundert Meter mächtige Tonfolge aus jurassischen in kretazische Schichten hinein bekannt. Offensichtlich ist die Entstehung solcher Überströmzonen nur in dem Falle möglich, wenn der hermetische Charakter des Hutgesteins gestört wird. Dies erfolgt, wenn ein Bruch auf das Hutgestein einwirkt. Folglich kann die Tätigkeit der Tiefenbrüche zu einer Enthermetisierung des Hutgesteins und dadurch zu einer Erhöhung des vertikalen Intervalls der Erdöl- und Erdgasführung führen.

Von nicht geringer Bedeutung sind auch die sogenannten Erdöl- und Erdgasfallen. Als solche können strukturelle Verbiegungen der Schichten (Antiklinalfalten), Auskeilzonen, Zonen lithologischer Substitution usw. dienen.

In der Regel gruppieren sich die Antiklinalfalten im Wirkungsbereich der Tiefenbrüche. Die Bildungsbesonderheiten der Falten befinden sich von der Entwicklung der Brüche in direkter Abhängigkeit. Eine Analyse der lokalen Hebungen (der Antiklinalfalten) der Mittelasiatischen Tafel zeigt, daß das Wachsen der Falten gleichzeitig mit der Entwicklung der Brüche erfolgt. Wenn man das über die Veränderung der Amplitude der Antiklinale und des Bruches in der Zeit ausdrückt, erhält man ein Diagramm, auf dem die eine Kurve das Wachsen der Struktur und die andere das Wachsen des Bruches widerspiegelt (Abb. 2). Man beachte die Konformität dieser Kurven. Das bedeutet, daß in der Wachstumsperiode des Tiefenbruchs auch das Wachsen der im Wirkungsbereich des Bruchs gelegenen lokalen Hebungen intensiviert wird.

Antiklinalen, die sich außerhalb des Bruches befinden, entwickeln sich in der Regel „träge". Ihre Amplitude ist gering (20—30 m). Zu beobachten ist eine Verschiebung des Scheitels in der Zeit, und das alles setzt die Möglichkeit der Akkumulation von Kohlenwasserstoffen innerhalb solcher Strukturen erheblich herab.

Längs der Zonen von Tiefenbrüchen keilen verschiedene Komplexe aus. Das erklärt sich wie folgt: Die Tiefenbrüche, die in der Bildungsperiode der sedimentären Decke (Hülle) ihre Ausprägung erfahren, sind originelle Barrieren, welche die Verbreitung bestimmter Ablagerungen begrenzen. Häufig erreicht die Mächtigkeit der auskeilenden Schichtfolgen 1000—2000 m und darüber. Die Kohlenwasserstoffe, die sich durch die durchlässigen Schichten (Speichergesteine) hindurch bewegen, erreichen die Auskeilgrenzen. Da sie auf ihrem Wege auf eine undurchlässige Schranke treffen, bilden sie Lager längs des Bruches, der die Auskeilzone begrenzt.

Das Auftreten eines Tiefenbruches kann auch zur Entstehung lithologischer Fallen führen, die z. B. mit Riffmassiven zusammenhängen. Die Untersuchung der Riffe zeigte, daß sie „tätigen" Brüchen folgen. Die kolonienbildenden Korallen, die meist riffbildende Organismen sind, leben in Tiefen von 45—50 m. Wenn der Meeresboden in der Zone des Bruches eine ständige Senkung erfährt, stocken die Korallen ihre Baue auf, in dem Bemühen, die gesamte Zeit in gleicher Tiefe zu bleiben. In diesem Fall können recht mächtige Riffe entstehen, bis 1000—1200 m. (Die Höhe des Riffes des Bikini-Atolls beträgt z. B. 600 m.) Im Laufe der Zeit wird das Riff durch andere Sedimentgesteine eingebettet (gewöhnlich durch Tone und Kalke chemischer Herkunft usw.), und es entstehen die Bedingungen, bei denen in schlecht durchlässigen Gesteinen Riffakkumulationen entstehen, die in der Lage sind, in sich Erdöl und Erdgas zu akkumulieren. Die sich während der Tafeletappe kontinuierlich entwickelnden Tiefenbrüche erzeugen somit verschiedenartige Fallen, die fähig sind, flüssige und gasförmige Kohlenwasserstoffe zurückzuhalten.

Ein sehr wichtiger Faktor bei der Herausbildung der Erdöl- und Erdgaslager ist das hydrodynamische Regime der Schichtwässer, das in vielem von den Entwicklungsbesonderheiten der Brüche abhängt. Wie bereits gesagt wurde, stören die während der Tafeletappe in Erscheinung tretenden Tiefenbrüche den hermetischen Abschluß der regionalen Hutgesteine und erzeugen Zonen des Überströmens von den tiefliegenden Komplexen in höherliegende. Im Zusammenhang damit entsteht in den unteren Komplexen, die einen größeren hydrodynamischen Druck aufweisen, ein Druckverlust, und es entstehen die sogenannten „Zonen der Piezominima". Die Schichtdrücke fallen schnell ab, wodurch aus Gebieten mit höherem Schichtdruck hierher unterirdische Wässer mit gelösten Kohlenwasserstoffen strömen. Die Tiefenbrüche saugen somit gleichsam das unterirdische Wasser mit den Kohlenwasserstoffen aus der Schicht an. Wenn die Aktivität der Tiefenbrüche nicht hinreichend groß ist, um alle regionalen Hutgesteine zu enthermetisieren, beginnen sich unter den oberen Hutgesteinen Erdöl- und Erdgaslager zu akkumulieren. Dieses Regime weisen die Brüche mit ununterbrochener Entwicklung auf. Die regenerierten Brüche stören die Integrität aller Hutgesteine und schaffen Gebiete einer völligen Entwässerung der sedimentären Hülle. Dies führt dazu, daß die Schichtwässer an die Tagesoberfläche treten. Die Kohlenwasserstoffe werden aus der Schicht ausgewaschen und gehen in die Atmosphäre.

In der Wirkungszone der Tiefenbrüche erfolgt eine Verbesserung der Speichereigenschaften der Gesteine. Es erhöht sich ihr Fassungsvermögen. Das ist besonders bei festen Gesteinen festzustellen, die eine sehr geringe primäre Porosität besitzen. Bei den Kalken ist diese Porosität gleich 3—5%. Zugleich sind in den Kalken reiche Erdöl- und Erdgaslager enthalten. Die Kapazitätseigenschaften der Kalke werden erstens von ihrer Entstehung beeinflußt (so besitzen die organischen Kalke eine weitaus bessere primäre Porosität als die Kalke chemischer Herkunft) und zweitens durch die Tätigkeit der Tiefenbrüche. Wie die Ergebnisse vieler Untersuchungen zeigen, werden die Kalke (und viele feste Gesteine, wie Anhydrite, Gips, Dolomit usw.) in den Wirkungsarealen der Brüche rissig. In ihnen entsteht als Ergebnis der Einwirkung kurzzeitiger dynamischer Be-

Zeitschrift für angewandte Geologie, Bd. 17 (1971), Heft 10

lastungen ein ganzes System von Makro- und Mikroklüften. Die unterirdischen Wässer, die auf den Klüften zirkulieren, laugen die Kalke aus und lösen sie. Das führt zur Bildung von Kavernen in den dichten Gesteinen und verbessert damit deren Fassungseigenschaften.

Die Tiefenbrüche beeinflussen auch erheblich das geothermische Regime der Schichten. In der Zone des Bruchs entstehen günstige Bedingungen für eine Zunahme der Schichttemperaturen durch Zustrom von Wärme auf Brüchen aus den Tiefen der Erde. Die Zunahme der Schichttemperaturen beträgt in diesen Fällen 20—25 °C. Ein solcher anomal erhöhter Wert des Wärmefeldes wirkt sich auch auf die Prozesse der Erdöl- und Erdgasakkumulation aus. Vor allem stimuliert die erhöhte Temperatur der Schicht die Umwandlung der eingebetteten organischen Substanz in Kohlenwasserstoffe. Im weiteren wird das tropfbar flüssige Erdöl in den Wirkungsbereichen der Tiefenbrüche weniger viskos und folglich beweglicher, was die laterale und hauptsächlich die vertikale Migration der Fluida fördert.

Daher hängt der Einfluß der Tiefenbrüche auf die Vorgänge der Erdöl- und Erdgasakkumulation vom Entwicklungsregime des Bruches in der Tafeletappe ab. Regenerierte Brüche üben einen negativen Einfluß auf den Erhaltungszustand der Erdöl- und Erdgaslager aus, indem sie die Hebung einzelner Blöcke der Erdkruste bedingen. Das wiederum führt zur Zerstörung der früher gebildeten Ablagerungen und Lager. In der Regel stoßen wir in den Arealen der regenerierten Brüche auf zerstörte Kohlenwasserstoffakkumulationen. Innerhalb der Mittelasiatischen Tafel kann man z. B. die zerstörten Erdöllagerstätten Tjubedshik und Karasjas-Taspas nennen, die in der Zone der regenerierten Brüche von Mangyschlak liegen.

Das optimale Entwicklungsregime, das die Formierung verschiedenartiger Fallen des strukturellen und des nichtstrukturellen Typs günstig beeinflußt, weisen die Brüche mit kontinuierlicher Entwicklung auf. Sie fördern die Entstehung von Zonen tektonischer Klüftung. Dadurch werden die Fassungseigenschaften der Gesteine stark verbessert. Sie bestimmen weiterhin das Ansaugen von Schichtwässern mit gelösten Kohlenwasserstoffen und gewährleisten gleichzeitig die Erhaltung der Erdöl- und Erdgaslager in ihrem Wirkungsbereich. Das alles bestimmt in letzter Instanz auch die Bildung großer Kohlenwasserstoffakkumulationen (Zonen der Erdöl- und Erdgasakkumulation) längs der erwähnten Kategorie der Tiefenbrüche der Erdkruste. Am Beispiel der Turanischen Platte ist ersichtlich, daß die Zonen der Erdöl- und Erdgasakkumulationen in den meisten Fällen (90%) den Brüchen mit ununterbrochener Entwicklung folgen.

Der empirische Zusammenhang zwischen Erdöl- und Erdgaslagern und Tiefenbrüchen kann daher von der Position der organischen Theorie der Erdölentstehung ausgezeichnet erklärt werden. Darüber hinaus können hauptsächlich Brüche kontinuierlicher Entwicklung, die ein bestimmtes Regime in der Tafeletappe aufweisen, solche Brüche sein, welche die Kohlenwasserstoffakkumulationen zur Ausbildung bringen. Wenn Erdöl und Erdgas Tiefenherkunft aufwiesen, würden wir in diesem Fall deren Akkumulationen längs beliebiger Brüche antreffen, vor allem längs regenerierter Brüche; denn gerade um sie herum entstehen wahrscheinlich die günstigsten Bedingungen für die Migration der Kohlenwasserstoffe.

Eine Methode zur Bestimmung der Porosität und Kompressibilität poröser Gesteine unter Gebirgsdruck

CHRISTIAN WAGNER & MICHAEL VOIGT, Jena

(Mitteilung Nr. 133 aus dem Zentralinstitut Physik der Erde)

1. Einleitung

Die Suche nach erdöl- und erdgasführenden Schichten in größeren Teufen hat in der letzten Zeit zu verstärkten Untersuchungen des elastisch-mechanischen Verhaltens von Gesteinen, insbesondere der Speichergesteine, geführt. Sowohl für die geophysikalische Erkundung als auch für die Vorratsberechnung bekannter Lagerstätten ist u. a. eine genaue Kenntnis der Gesteinsporosität und -kompressibilität sehr wesentlich. Die Bestimmung dieser Parameter erfolgt jedoch in petrophysikalischen Labors meist nur im Rahmen spezieller Untersuchungen und dann auch nur unter Normalbedingungen (20 °C, 1 at), so daß die Angaben nur für geringe Teufen gültig sind. Auf größere Teufen sind sie nicht mehr ohne weiteres übertragbar; für diese Verhältnisse müssen sie mit relativ aufwendigen Druck-Temperatur-Apparaten ermittelt werden (z. B. AWTSCHAN, MATWEJENKO & STEFANKEWITSCH 1967).

Da bisher kaum geeignete Druck-Temperatur-Apparate für Routinemessungen an Erdöl- und Erdgasspeichergesteinen vorhanden sind, wird ein Verfahren beschrieben, das gestattet, die Abhängigkeit der Porosität und Kompressibilität von einem hydrostatischen Druck aus verhältnismäßig einfachen Messungen und gegebenen Anfangswerten zu bestimmen. Dabei ist allerdings zu berücksichtigen, daß das Verfahren auf der Grundlage theoretischer und rein elastischer Beziehungen entwickelt wird und daß es somit nur reversible elastische Deformationen unter hydrostatischem Druck reproduzieren kann. Für die durchaus nicht seltenen irreversiblen Deformationen, wie plastische Deformationen, epigenetische Umbildungen u. a. ist dieses Verfahren nicht gültig. Es gestattet so unter den oben-

Eingang des Manuskripts in der Redaktion: 16. 2. 1971.

genannten Einschränkungen eine Abschätzung von Porosität und Kompressibilität poröser Gesteine unter hydrostatischem Gebirgsdruck in Teufenbereichen bis 2000 at Druck.

2. Die Porosität poröser Gesteine unter Druck

Nach NAGUMO (1965) gilt für die Porosität Φ_P eines porösen Mediums unter hydrostatischem Gerüstdruck P eine exponentielle Abhängigkeit von der Anfangsporosität Φ_0

$$\Phi_P = \Phi_0 e^{-\varkappa P} \qquad (1)$$

Dabei ist der Gerüstdruck P der auf das Gesteinsgerüst ausgeübte Druck und $\varkappa$ ein Exponentialfaktor, der für poröse Gesteine zwischen $0{,}1 \cdot 10^{-2}$ und $1{,}0 \cdot 10^{-2}$ cm²/kp liegt (siehe auch weiter unten). Der Gerüstdruck P ist die Differenz zwischen den auf das Gestein von außen und innen wirkenden Drücken, d. h. dem Gebirgsdruck P_a und dem Porendruck P_i. Der Gebirgsdruck P_a wird hauptsächlich durch das Gewicht der über dem Gesteinsstück lagernden Gesteinsmassive gebildet, während der Porendruck im Mittel dem Gewicht einer über dem Gesteinsstück lagernden Flüssigkeitssäule entspricht. (Besondere geologische Verhältnisse können allerdings gewisse Abweichungen bedingen.) Nach neueren Untersuchungen muß man den Gerüstdruck P als $P = P_a - nP_i$ ansetzen, wobei n die Kompressibilität der Gesteinspartikel berücksichtigt. Für gut durchlässige Speichergesteine ist $n = 0{,}85$. Für größere Teufen weisen mineralisierte Wässer Dichten bis 1,3 g/cm³ auf, so daß mit einem mittleren Wert von 1,15 g/cm³ gerechnet werden darf. Mit einer mittleren Gesteinsdichte von 2,5 g/cm³ wird

$$P = P_a - nP_i = P_a - 0{,}4\, P_a = 0{,}6\, P_a \qquad (2)$$

Dann ist

$$\frac{\Phi_{P_a}}{\Phi_0} = e^{-0{,}6\,\varkappa P_a} \qquad (3)$$

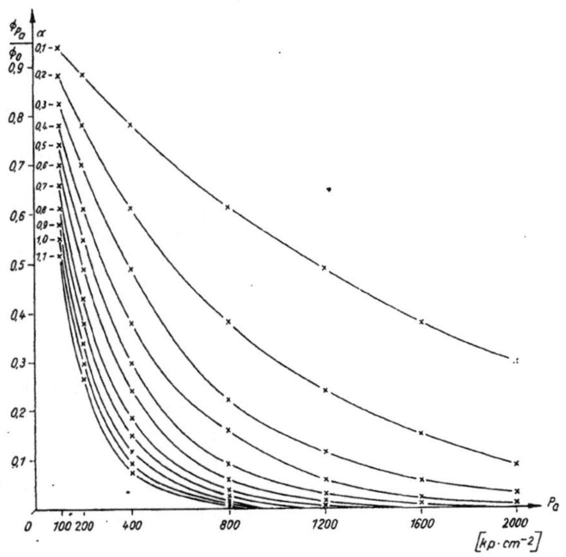

Abb. Das Verhältnis der Porositäten $\Phi_{P_a} : \Phi_0$ als Funktion des Gebirgsdruckes P_a bei verschiedenen $\varkappa$-Werten (10^{-2}cm²/kp)

Formel (3) ist in der Abbildung graphisch für verschiedene $\varkappa$-Werte von $0{,}1 \cdot 10^{-2}$ bis $1{,}1 \cdot 10^{-2}$ cm²/kp und für $P_a = 100$ bis 2000 kp/cm² dargestellt.

Die Anfangsporosität Φ_0 kann in entsprechend eingerichteten Gesteinslabors routinemäßig bestimmt werden. $\varkappa$ erhält man aus einaxialen Belastungsmessungen (s. Abschn. 4.). Mit diesen beiden Werten kann man die Änderung der Porosität unter dem Gebirgsdruck P_a aus der graphischen Darstellung direkt ablesen.

3. Die Kompressibilität poröser Gesteine unter Druck

Zur Bestimmung der Kompressibilität poröser Gesteine unter Druck geht man von der Annahme aus, daß die Kompression des porösen Gesteins allein auf die Verringerung der Porenräume unter Druck zurückgeführt wird. Für nicht allzu hohe Drücke (bis 1000 oder 2000 kp/cm²) ist dies auch berechtigt, da die Kompressibilität des porösen Gesteins wesentlich größer ist als die der gesteinsbildenden Minerale (s. Tab.). Die Kompressibilität k_{P_a} eines porösen Gesteins unter dem Gebirgsdruck ist dann gleich der Änderung der Porosität Φ_{P_a} bei der Änderung des Druckes P_a

$$k_{P_a} = -\frac{d\Phi_{P_a}}{dP_a} = 0{,}6\,\varkappa \Phi_0 e^{-0{,}6\,\varkappa P_a} \qquad (4)$$

oder

$$k_{P_a} = 0{,}6\,\varkappa \Phi_{P_a} \qquad (5)$$

Kennt man Φ_{P_a} aus Φ_0 und $\varkappa$, so ist k_{P_a} nach (5) leicht zu berechnen.

Nähern sich die berechneten Werte für k_{P_a} den Kompressibilitätswerten von Mineralen, so sind obige Beziehungen nicht mehr gültig. Dieser Fall ist dann aber ohnehin nicht mehr interessant, da damit die Existenz eines nur unbedeutenden Porenraums angedeutet wird.

4. Die Bestimmung des Exponentialfaktors $\varkappa$ aus einaxialen Deformationsmessungen

Der für die obigen Berechnungen nötige Exponentialfaktor $\varkappa$ kann näherungsweise aus der Messung der Längenänderung einer zylinderförmigen Gesteinsprobe unter einaxialer Belastung bestimmt werden.

Die relative Volumenkompression θ einer Gesteinsprobe unter allseitigem Druck P soll allein auf die Abnahme des Porenraums zurückgeführt werden. Sie ist mit G als Torsionsmodul und σ als POISSONsche Konstante

$$\theta = \frac{-\Delta v}{v} = \frac{3(1-2\sigma)}{2G(1+\sigma)} P \qquad (6)$$

Ist E der Elastizitätsmodul, τ die einaxiale Spannung und ε die relative Längenänderung $\Delta L/L$ der Probe, so wird mit $E = 2G(1+\sigma)$ und $E = \tau/\varepsilon$

$$\theta = \frac{3\varepsilon(1-2\sigma)}{\tau} P \qquad (7)$$

Da bei einaxialen Druckversuchen der Porendruck P_i Null ist, wird $\tau = P_a = P$ und

$$\theta = 3\varepsilon(1-2\sigma) \qquad (8)$$

Tab. Die Porosität, der $\varkappa$-Wert, die Kompressibilität für Gebirgsdrücke von 300 kp/cm² und 1200 kp/cm² für 12 poröse Gesteine sowie Kompressibilitätswerte für Minerale

1	2	3	4	5	6	7
	Porosität %	$\varkappa$ $[10^{-2}\ cm^2 \cdot kp^{-1}]$	$k_{300\ at}$ $[10^{-6}\ cm^2 \cdot kp^{-1}]$	$k_{300\ at}$ $[10^{-6}\ cm^2 \cdot kp^{-1}]$		k $[10^{-6}\ cm^2 \cdot kp^{-1}]$
Sandstein, mittelkörnig	22,9	1,07	213,0	0,67	Quarz	2,62
Sandstein, mittelkörnig	21,4	0,10	108,0	61,0	Kalkspat	1,36
Sandstein	15,7	0,08	62,4	40,5	Dolomit	1,21
Kalksandstein	11,8	0,22	83,8	32,0	Siderit	0,97
Sandstein	9,9	0,44	117,0	10,9	Anhydrit	1,79
Sandstein	7,6	0,10	38,2	22,2	Gips	2,45
Sandstein, feink. – mittelk.	5,9	0,46	71,2	5,9	Steinsalz	4,18
Sandstein	4,8	0,19	37,0	13,9	Sylvin	5,53
Sandstein, feinkörnig	3,8	0,17	28,9	11,4	Pyrit	0,70
Sandstein, feinkörnig	3,4	0,41	40,0	4,4	Hämatit	1,06
Schluffstein	1,5	0,19	12,1	3,5		

Porositäten, $\varkappa$-Werte und Kompressibilitäten von porösen Gesteinen und Mineralen

Wird σ näherungsweise druckunabhängig gesetzt, so ist das Verhältnis zweier beliebiger Längenänderungen den Volumenkompressionen proportional

$$\varepsilon_2 : \varepsilon_1 = \theta_2 : \theta_1 \tag{9}$$

Nach SCHRAAGE & SCHUPPE (1968) ist die Änderung der POISSONschen Konstante σ für trockene und flüssigkeitsgefüllte poröse Gesteine unter Druck gering. Sie beträgt meistens nicht mehr als 20%. Der relative Fehler $d\theta/\theta$ ist

$$\frac{d\theta}{\theta} = \frac{\sigma\varepsilon d\sigma}{-3\varepsilon(1-2\sigma)} = \frac{-2}{(1-2\sigma)}\, d\sigma \tag{10}$$

und beträgt mit $\sigma = 0{,}25$ und $d\sigma = \pm 0{,}05$ gegebenenfalls nicht mehr als 20%. Die aus den relativen Längenänderungen bestimmten Werte haben somit etwa einen Fehler von 20%.

Die Porosität Φ_{P_a} unter dem Druck P_a ist dann

$$\Phi_{P_a} = \Phi_0 - \theta_{P_a} = \Phi_0\, e^{-\varkappa P_a} \tag{11}$$

Ferner ist

$$\frac{d\theta_{P_a}}{dP_a} = \Phi_0 \varkappa e^{-\varkappa P_a} \tag{12}$$

und beim Übergang zum Differenzenquotienten wird für vier beliebige Drücke P_{a1} bis P_{a4}

$$\frac{\theta_2 - \theta_1}{P_{a2} - P_{a1}} = \Phi_0 \varkappa e^{-\varkappa \frac{P_{a2}+P_{a1}}{2}};$$

$$\frac{\theta_4 - \theta_3}{P_{a4} - P_{a3}} = \Phi_0 \varkappa e^{-\varkappa \frac{P_{a4}+P_{a3}}{2}} \tag{13}$$

Miteinander dividiert und mit $\theta \approx \varepsilon$ ergibt sich die Bestimmungsgleichung für $\varkappa$:

$$\varkappa = \frac{2}{(P_{a4} + P_{a3} - P_{a2} - P_{a1}) \lg e} \lg \left[\frac{(\varepsilon_2 - \varepsilon_1)(P_{a4} - P_{a3})}{(\varepsilon_4 - \varepsilon_3)(P_{a2} - P_{a1})}\right] \tag{14}$$

In dieser Gleichung entsprechen die Differenzen von ε und P_a zwei Gradienten, die man zweckmäßigerweise am Anfang und am Ende der Kurve $\varepsilon = F(P_a)$ entnimmt.

Die relative Längenänderung ε kann man für Proben von ca. 10 bis 30 mm Durchmesser und einigen cm Länge mit handelsüblichen 2,5 bis 10,0 Mp Zug-Druck-Pressen messen, indem man den Abstand der Druckplatten, zwischen denen sich die Probe befindet, mit einer Meßuhr (0,01 mm Ablesung) bestimmt.

5. Beispiel

Als Beispiel wird die Längenänderung einer trockenen Sandsteinprobe unter einaxialer Belastung bestimmt, und $\varkappa$, die Porosität und Kompressibilität für 300 kp/cm² und 1200 kp/cm² werden ausgerechnet.

Die Probe hatte einen Durchmesser von 27 mm und eine Höhe von 17 mm. Für die Gesamtbelastung K ergeben sich damit der Druck P und die Längenänderung ΔL:

K (kp)	P (kp/cm²)	ΔL (0,01 mm)	$\Delta L/L$ (10^{-3})
0	0	0	0
200	35	5,6	3,3
400	70	8,5	5,0
600	105	11,1	6,5
800	140	13,0	7,6
1000	176	15,0	8,8
1200	210	16,5	9,7
1400	246	18,3	10,8
1600	280	20,0	11,8
1800	316	21,5	12,7
2000	350	23,5	13,8

Mit den Druckwerten und relativen Längenänderungen

$$P_1 = 35\ \text{kp/cm}^2,\quad P_2 = 105\ \text{kp/cm}^2,\quad P_3 = 280\ \text{kp/cm}^2,\quad P_4 = 350\ \text{kp/cm}^2$$

$$\varepsilon_1 = 3{,}3 \cdot 10^{-3},\quad \varepsilon_2 = 6{,}5 \cdot 10^{-3},\quad \varepsilon_3 = 11{,}8 \cdot 10^{-3},\quad \varepsilon_4 = 13{,}8 \cdot 10^{-3}$$

ergibt sich $\varkappa$ nach (14) zu

$$\varkappa = \frac{2}{(350 + 280 - 105 - 35) \cdot 0{,}4343} \lg \left[\frac{(6{,}5 - 3{,}3)(350 - 280)}{(13{,}8 - 11{,}8)(105 - 35)}\right] \text{cm}^2/\text{kp}$$

$$= 0{,}19 \cdot 10^{-2}\ \text{cm}^2/\text{kp}$$

Mit der vorgegebenen Anfangsporosität $\Phi_0 = 4{,}8\%$ wird nach der Abbildung mit der Kurve für $\varkappa = 0{,}20 \times 10^{-2}$ cm²/kp:

für $P = 300$ kp/cm²

$$\frac{\Phi_{300}}{\Phi_0} = 0{,}68 \quad \text{oder} \quad \Phi_{300} = 0{,}68 \cdot 4{,}8\% = 3{,}24\%$$

und nach (5)

$$k_{300} = 0{,}6 \cdot 0{,}19 \cdot 10^{-2} \cdot 3{,}24 \cdot 10^{-2} = 37{,}0 \cdot 10^{-6}\,[\mathrm{cm^2/kp}];$$

für $P = 1200$ kp/cm²

$$\frac{\Phi_{1200}}{\Phi_0} = 0{,}25 \quad \text{oder} \quad \Phi_{1200} = 0{,}25 \cdot 4{,}8\% = 1{,}2\%$$

und

$$k_{1200} = 0{,}6 \cdot 0{,}19 \cdot 10^{-2} \cdot 1{,}2 \cdot 10^{-2} = 13{,}7 \cdot 10^{-6}\,[\mathrm{cm^2/kp}]$$

6. Ergebnisse

An 12 porösen trockenen Gesteinen wurde die relative Längenänderung ε unter Belastung bis 350 kp/cm² aufgenommen, und mit den Drücken 35, 105, 280 und 350 kp/cm² sowie den entsprechenden ε-Werten wurden die $\varkappa$-Werte berechnet.

Zur Messung wurden zunächst Gesteinsproben verwendet, die sich aus einer geringen Anzahl von Mineralen zusammensetzen und deren Nutzporosität nicht durch Klüfte und Lagerungsstörungen oder ähnliches beeinflußt ist.

In der Tabelle, erste Spalte, sind 12 Gesteinsproben eingetragen, die nach abnehmenden Porositäten (2. Spalte) geordnet sind. In der 3. Spalte sind die $\varkappa$-Werte eingetragen; sie liegen zwischen $0{,}1 \cdot 10^{-2}$ und $1{,}0 \cdot 10^{-2}$ cm²/kp. Ein Zusammenhang mit der Porosität allein ist nicht zu erkennen. Die 4. und 5. Spalte zeigen die Kompressibilität für die Drücke $P_a = 300$ und 1200 kp/cm². In der 6. Spalte sind Kompressibilitätswerte für Minerale (Landolt-Börnstein 1923; D'Ans-Lax 1967) eingetragen. Der Vergleich zeigt, daß die Kompressibilitätswerte poröser Gesteine anfänglich um das 10- bis 100fache größer sind, daß sie aber mit steigendem Druck erheblich abnehmen und bei Drücken von 1000 bis 2000 kp/cm² in die Größenordnung der Mineralkompressibilitäten kommen. Hier ist die Methode nicht mehr gültig, da die exponentielle Abnahme der Kompressibilität nicht mehr vorausgesetzt werden kann.

Abschließend sei bemerkt, daß obige Betrachtungen auch zu einer Methode der Abschätzung der Schallgeschwindigkeit v_p poröser flüssigkeitsgesättigter Gesteine unter Gebirgsdruck führen (Stiller, Wagner, Freund & Voigt 1971).

Zusammenfassung

Die Porosität und die Kompressibilität poröser Gesteine unter Gebirgsdruck lassen sich mittels einer Exponentialfunktion beschreiben. Der dazu nötige Exponentialfaktor $\varkappa$ kann näherungsweise aus einaxialen Belastungslängenänderungsmessungen von Gesteinsproben bestimmt werden. Die Porositätsänderungen können bei gegebener Anfangsporosität und mit bekanntem $\varkappa$ aus graphischen Darstellungen direkt entnommen werden, die Kompressibilität berechnet sich anschließend.

Резюме

Пористость и сжимаемость пористых пород под горным давлением можно описать посредством экспоненциальной функции. Необходимый для этого экспоненциальный фактор $\varkappa$ в приближении можно определить из одноосных измерений удлинения при нагрузке, проводимых на образцах породы. Изменения пористости в случае известной начальной пористости и при известном $\varkappa$ можно вывести из графического изображения, а сжимаемость рассчитывается последующей операцией.

Summary

The porosity and the compressibility of porous rocks under pressure of mountain mass may be described by means of an exponential function. The exponential factor $\varkappa$ required for this purpose may be approximated from uniaxial load/length change measurements of rock specimens. The changes of porosity may — at given initial porosity and known $\varkappa$ — be taken directly from graphic representations; the compressibility is calculated subsequently.

Literatur

Awtschan, G. M., A. A. Matwejenko & Z. B. Stefankewitsch: O metodike kompleksnogo opredelenija fisitscheskich parametrow porod pri wysokich dawlenijach. — Prikladnaja Geofisika, 49, 164—173 (1967).

D'Ans-Lax: Taschenbuch für Chemiker und Physiker, I, Berlin—Heidelberg—New York 1967.

Landolt-Börnstein: Physikalisch-chemische Tabellen I. — S. 83 (1923).

Nagumo, S.: Compaction of sedimentary rock. A consideration by the theory of porous media. — Bull. Earthq. Res., Inst. Tokyo, 43, 2, 339 to 348 (1965).

Schraage, I., & F. Schuppe: Die Beeinflussung der dynamischen Poisson-konstanten durch Porosität und Eigenschaften der Porenfüllung. — Bergakademie, 20, 12, 708—713 (1968).

Stiller, H., C. Wagner, D. Freund & M. Voigt: Eine Methode zur Bestimmung der Schallgeschwindigkeit v_p poröser flüssigkeitsgesättigter Gesteine unter Gebirgsdruck bis 2000 at. — Neue Bergbautechnik, 1 (5), 333—340 (1971).

Der Einfluß der Permeabilität der Gesteine auf ihre Erdölabgabe

P. P. Rachmanow, K. A. Kasumow & Tsch. M. Schejdajew, UdSSR

Zu den Grundfaktoren, die Einfluß auf die Erdölabgabe der produktiven Horizonte haben, gehört bekanntlich die Durchlässigkeit der Speichergesteine. Die Permeabilitätsbestimmungen an Kernen beziehen sich in den meisten Fällen nur auf ein unbedeutendes Intervall im Profil des Speichers. Das hängt mit der wahlweisen Kernentnahme aus einer begrenzten Anzahl von Bohrprofilen zusammen. Um zuverlässigere Daten über die durchschnittliche Permeabilität der Speichergesteine zu erhalten, wurde daher ihre Größe nach der Widerstandsmethode unter Anwendung der Gleichung

$$Q = \frac{\rho_{H\Pi}}{\rho_{B\Pi}} \quad \begin{array}{l}\text{(erdölführende Schicht)}\\ \text{(wasserführende Schicht)}\end{array}$$

Aus: „Aserbaidshanskoje neftjanoje chosjaistwo", Nr. 12 (1970), S. 4—6, 3 Abb., 2 Tab., Lit.
Übers.: N. Welzer, Berlin.

bestimmt, wobei $P_{H\Pi}$, $P_{B\Pi}$ = Widerstände der erdölführenden Schicht sind, vergleichsweise bei 100%iger Sättigung mit Wasser in Ωm. Der spezifische Widerstand der erdölführenden Schichten $P_{H\Pi}$ wird nach den Kurven der seitlichen Bohrlochsondierung (SBS) bestimmt.

Für die Lagerstätten Darwina, die Nord- und Südstrukturen von Artema, wurden die Permeabilitäten der „PK"-Schicht nach der Funktionskurve $Q = f(K_{\Pi P})$, aufgestellt nach Angaben von JAKUBOW (1963, 1964), bestimmt.

Für die Lagerstätte Darwina wurde der spezifische Widerstand der wasserführenden Schicht P_{BH} (durchschnittlich werden 2,5 Ω m angenommen) durch Interpretation der seitlichen Sondierungen (SBS) in Bohrungen, die außerhalb der Lagerkontur liegen (Bohrungen Nr. 23, 18, 4, 27, 95, 215, 324, 172, 88, 235, 162, 89, 234), bestimmt.

Für die Nord- und Südstrukturen von Artema wurde, da Bohrungen außerhalb der Lagerkontur fehlen,

$$P_{B\Pi} = P_P \varrho_B$$

bestimmt, wo P = der relative Widerstand der Schicht ist, errechnet auf Grund bekannter Kurven des spezifischen Widerstands der mineralisierten Schichtwässer, mit Berücksichtigung der Schichttemperatur nach WENDELSTEIN (1963); ϱ_B = spezifischer Widerstand des Schichtwassers bei Schichttemperatur.

Die Schichttemperatur wurde aus der Abhängigkeit

$$t = f\,(H)$$

bestimmt.

Bei Gegenüberstellung der Durchschnittswerte der Permeabilität, die auf Grund der Untersuchungen an Kernen und der Widerstandsmethode (Tab. 1) bestimmt wurden, betrug der Fehler bei der Lagerstätte Darwina (Abb. 1) = 9% und bei Artema = 8,9% (Abb. 2).

Die Annäherung der mit Hilfe dieser Methode erarbeiteten Kennziffern ist bedingt durch die geologisch-physikalischen Eigenschaften der Speichergesteine der „PK"-Schicht. Diese Ablagerungen, in der Hauptsache mächtige homogene Sandsteine, zeichnen sich durch eine relativ hohe Filtrationsfähigkeit aus. Daher ist, zum Unterschied von den Bedingungen bei teilweise auftretender Wechsellagerung, im gegebenen Fall die Permeabilitätsbestimmung der Speichergesteine weniger kompliziert und die Differenz zwischen den gewonnenen Daten unbedeutend.

Tabelle 1

Lagerstätte	Abbau-objekt	Anzahl d. Bestimmungen	Permeabilität md	Anzahl d. Bestimmungen	Permeabilität md
		nach dem Kern		nach dem spezifischen Widerstand	
B. Darwina					
Südfeld	PK	7	218	11	185
Zentrales Feld		2	247	10	207
Nordwestfeld		–	–	12	213
O. Artema					
Nordstruktur-Meer	PK	4	212	10	161
Nordstruktur-Festland		7	214	18	187
Südstruktur-Festland	PK_{II}	1	98	3	215
Gjurgjany-More	PK_I	5	410	–	–
	PK_{II}	5	422	–	–
	PK_{III}	5	442	–	–

Es wurde festgestellt, daß zwischen der Erdölabgabe und der Permeabilität eine gewisse Abhängigkeit besteht. Jedoch ist diese bei verschiedenen Lagerstätten wegen der Besonderheiten der Profile und der physikalisch-chemischen Eigenschaften der leichtflüchtigen Komponenten verschieden.

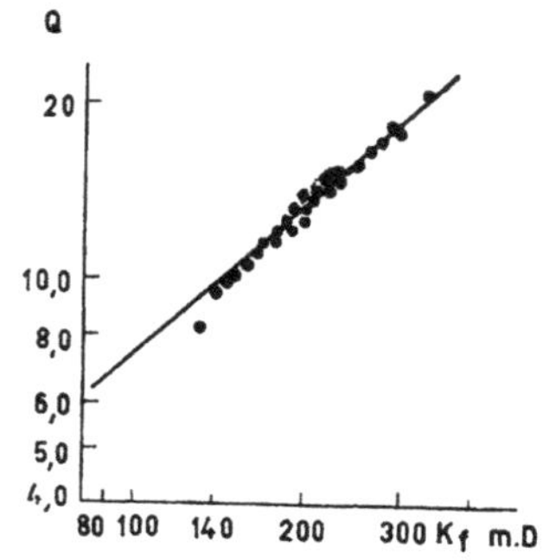

Abbildung 1

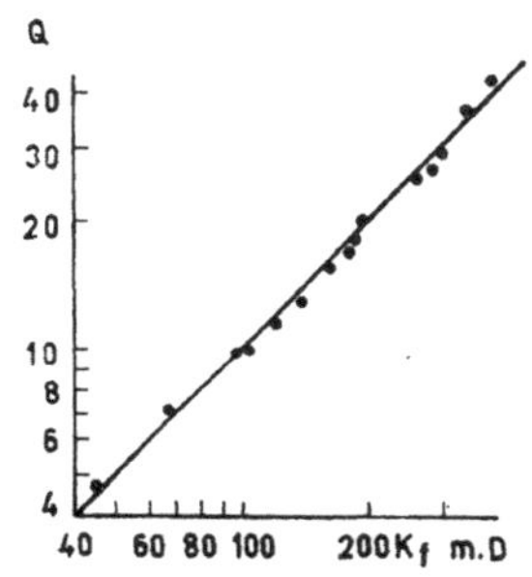

Abbildung 2

Hinsichtlich der Lagerstätten der Halbinsel Apscheron sind die Untersuchungen über den Einfluß der Permeabilität auf die Erdölabgabe von BABALJAN (1956) aufgezeichnet worden. Dabei wird vermerkt, daß ein bedeutender Einfluß der Permeabilität auf die Erdölabgabe bei einer Durchlässigkeit der Speichergesteine unter 1 d beobachtet wird. Bei den Lagerstätten Darwina, Artema und Gjurgjany-More ist diese Frage bis heute nicht untersucht worden.

Auf Grund der obengenannten Untersuchungen (Tab. 2, Abb. 3) wurde festgestellt, daß bei allen Lagern eine enge Verbindung zwischen Permeabilität und Erdölabgabe zu beobachten ist. Die größte Primärförderung ist bei der Lagerstätte Gjurgjany-More aus den Horizonten PK_I, PK_{II}, PK_{III} zu verzeichnen, wo die endgültige Erdölabgabe bei einer Permeabilität von 410, 422, 442 md entsprechend zwischen 60,0; 68,0; 76,0% schwankt.

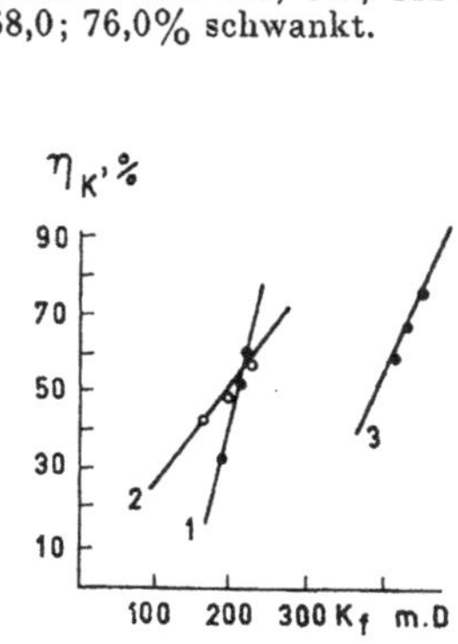

Abbildung 3

Tabelle 2

Lagerstätte	Feld	Abbauobjekt	Abbaujahr	Regime der Lagerstätte	Permeabilität md	Erdölabgabe in %	
						laufende (zum 1. 1. 1969)	endgültige
Darwina	Südfeld	PK	1950	gemischt, vorherrschend Regime des gelösten Gases	185	13,7	33,0
	Zentrales Feld		1952	gemischt, vorherrschend Wasserdruckregime	207	24,7	53,0
	Nordwestfeld		1957	gemischt, vorherrschend Wasserdruckregime	213	27,8	60,0
Artema Nordstruktur	Meer	PK	1936	gemischt, vorherrschend Regime des gelösten Gases	161	41,7	43,0
			1929	gemischt, vorherrschend Regime des gelösten Gases	187	31,9	50,0
Südstruktur	Festland	PK_{II}	1932	gemischt, vorherrschend Regime des gelösten Gases	215	49,3	58,0
Gjurgjany-More		PK_{I}	1947	gemischt, vorherrschend Wasserdruckregime	410	53,2	60,0
		PK_{II}	1947	gemischt, vorherrschend Wasserdruckregime	422	65,2	68,0
		PK_{III}	1948	gemischt, vorherrschend Wasserdruckregime	422	68,2	76,0

Eine relativ geringe Erdölabgabe ist aus den Lagerstätten Darwina und Artema zu verzeichnen. Aus den drei Blöcken der Lagerstätte Darwina, dem südlichen, zentralen und nordwestlichen, bei einer Permeabilität vom 185, 207, 213 md, ist die endgültige Erdölabgabe entsprechend 33,0; 53,0; 60,0%.

Aus den Lagern der „PK"-Schicht von Artema, der Nord- (Meer und Festland) und Südstrukturen, bei einer Permeabilität von 161, 187, 215 md, liegt die endgültige Erdölabgabe in den Grenzen von 43,0; 50,0 und 58,0%.

Demnach kann in allen Fällen bei einer Steigerung der Permeabilität der Speichergesteine ein Ansteigen der Erdölabgabe festgestellt werden. Zugleich zeigt die Analyse, daß bei einer äquivalenten Permeabilität in den „PK"-Schichten der einzelnen Lagerstätten in der Erdölabgabe verschiedene Mengen erreicht werden.

So beträgt die Erdölabgabe aus den Lagerstätten Darwina (Südblock) und Artema (Nordstruktur-Festland), bei einer Permeabilität von 185 und 187 md, je Schicht entsprechend 33 und 50%. Außerdem entsprechen den Lagerstätten mit 60- und 58%igen Erdölabgaben die Permeabilitäten von 213 und 215 md, während die gleiche Erdölabgabe auf dem Gjurgjansker Feld bei doppelt so großer Permeabilität (410 md) erreicht wurde. Eine solche Abhängigkeit der Erdölabgabe von den Durchlässigkeitskennziffern ist eng mit den energetischen Bedingungen verbunden, die in den untersuchten Lagern vorherrschen, sowie mit den angewendeten Abbausystemen und den physikalisch-chemischen Eigenschaften der den Porenraum ausfüllenden Erdöle.

Die hier angestellten Untersuchungen bestätigen die Zweckmäßigkeit umfassender Maßnahmen in der „PK"-Schicht zwecks Einflußnahme auf den Bohrlochsohlebereich, um in den Schichten günstigere Bedingungen für die Erdölfiltration zu schaffen.

Literatur

BABALJAN, G. A.: Probleme des Erdölabgabemechanismus. – Nefteisdat (1956).

JAKUBOW, A. A., & R. M. KERIMOW: Neft i gas, Nr. 11 (1963). – Neft i gas, Nr. 3 (1964).

MUSTAFAJEW, F. A., R. A. ORUDSHEW & K. A. KASUMOW: Aserbaidshanskoje neftjanoje chosjaistwo, Nr. 1 (1970).

WENDELSTEIN, B., Ju.: Aufstellung der Nomogramme und Paletten zur Interpretation der Daten über geophysikalische Methoden der Bohrlochuntersuchungen. – Gostoptechisdat (1963).

Über die Anwendung der Methode der Materialbilanz für die Berechnung von Erdölvorräten bei elastischem Regime

A. N. RESHNIKOW, Grosny

Die Methode der Materialbilanz, die in die Praxis der Berechnung von Erdölvorräten durch SCHILTUIS, KAZ, MAILS und SHDANOW (SHDANOW u. a. 1967) eingeführt wurde, findet keine umfassende Anwendung, wenn der Abbau von produktiven Lagern bei einem Schichtdruck erfolgt, der den Sättigungsdruck des Erdöls übersteigt.

Im Falle eines komplizierten Speichers, in dem ein natürliches Gasdrucksystem vorherrscht, kann die Berechnung der anfänglichen Bilanzvorräte für Erdöl (Q_0) nach folgender Formel durchgeführt werden:

$$Q_0 = \frac{Q_s[u + (r_p - r_0)\, U - (W - \omega)\, \lambda]}{u - u_0 + u_0\, C_p (P_0 - P) + \dfrac{\delta u_0}{U_0}(U - U_0)} \qquad (1)$$

Dabei sind:

Q_s kumulative Erdölförderung bis einschließlich des Tags der Berechnung, Volumeneinheiten;

Aus: „Geologija nefti i gasa", 1970, Nr. 7, S. 52–54. – Übers.: J. GÖRBERT, Berlin.

W und ω — Mengen des eingedrungenen und des geförderten Wassers, Volumeneinheiten;
P_0 und P = der anfängliche und derzeitige Schichtdruck, at;
r_0 und r = der anfängliche und der derzeitige Schichtgasfaktor, m³/m³;
r_p = durchschnittlicher Gasfaktor während des Abbaus, m³/m³;
U_0 und U = anfänglicher und derzeitiger Volumenkoeffizient des Schichtgases, Teile der Einheiten;
u_0 und u_e = anfänglicher und derzeitiger Volumenkoeffizient des Erdöls;
u = zweiphasiger Volumenkoeffizient, $u = u_e + (r_0 - r)\, U$;
C_p = Koeffizient der Volumenkompression des porösen Speichergesteins;
λ = Volumenkoeffizient des Schichtwassers;
δ = Verhältnis des Gasvolumens in der Gaskappe zum Volumen des Erdöls unter initialen Schichtbedingungen.

Wenn wir die Formel (1) für den Fall eines elastischen Wasserdruckregimes umformen, so erhalten wir, wenn

$$\delta = 0,\ r_0 = r = r_p,\ u = u_e$$

folgende Formel:

$$Q_0 = \frac{Q_s u_e - (W - \omega)\lambda}{u_e - u_0 + u_0 C_p (P_0 - P_n)} \tag{2}$$

Wir drücken die Koeffizienten u_0 und u_e durch den Volumenkoeffizienten des Erdöls im Lager bei Sättigungsdruck (u_n) aus:

$$u_0 = u_n [1 - C_n (P_0 - P_n)] \tag{3}$$

$$u_e = u_n [1 - C_n (P_0 - P_n)] \tag{4}$$

Dabei ist C_n = Koeffizient der Kompressibilität des Erdöls im Lager, 1/at;
P_n = Sättigungsdruck des Erdöls mit Gas, at.

Wenn wir die angegebenen Ausdrücke in die Formel (2) einsetzen, erhalten wir:

$$Q_0 = \frac{Q_s u_n [1 - C_n (P - P_n)] - (W - \omega)\lambda}{u_n (P_0 - P) \{C_n + C_p [1 - C_n (P_0 - P_n)]\}} \tag{5}$$

Bekanntlich hängen die größten Schwierigkeiten bei der Berechnung von Erdölvorräten nach der Methode der Materialbilanz mit der Bestimmung der Menge des in das Lager eingedrungenen Wassers zusammen. Beim Vorhandensein eines abgeschlossenen elastischen Regimes kann man die Größe $(W - \omega)\lambda$ unberücksichtigt lassen. Dann vereinfacht sich die Formel (5):

$$Q_0 = \frac{Q_s [1 - C_n (P - P_n)]}{(P_0 - P) \{C_n + C_p [1 - C_n \times (P_0 - P_n)]\}} \tag{6}$$

Nach der Formel (6) wurde von uns eine Berechnung der ursprünglichen Bilanzerdölvorräte einiger Lager des Bereichs von Grosny (XXIII. Schicht der Lagerstätte Goit-Kort und Oberkreidehorizont der Lagerstätte Chajan-Kort im östlichen Feld) vorgenommen. Die Resultate kamen den Werten sehr nahe, die nach der Volumenmethode errechnet worden waren, da in den ersten Jahren des Abbaus dieser Objekte nur in unbedeutendem Ausmaß ein Einbruch von Konturwässern erfolgte.

Bei Anwendung der Gleichung (6) werden im Falle eines elastischen Wasserdruckregimes die errechneten Vorräte immer um einen Wert, der von $(W - \omega)\lambda$ abhängt, größer sein als die tatsächlichen. Um den Einfluß dieses Wertes auszuschalten, wird ein graphisch-analytisches Verfahren der untersuchten Methode der Materialbilanz vorgeschlagen. Die Anwendung dieses Verfahrens ist dann zweckmäßig, wenn das Lager bereits drei und mehr Jahre lang abgebaut wurde.

Nach der Formel (6) finden wir die Pseudoerdölvorräte (Q_0^*) nach dem Stand für jedes Abbaujahr und

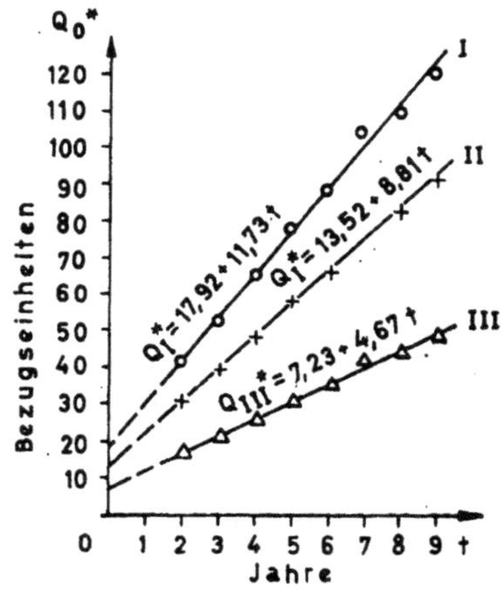

Die Abhängigkeit der Pseudoerdölvorräte von der Zeit des Abbaus des Oberkreidehorizonts der Lagerstätte Malgobek—Ali-Jurt

I — ($C = 1{,}9 \cdot 10^{-5}$ 1/at); II — ($C_p = 10{,}2 \cdot 10^{-5}$ 1/at); III — (C_p — $40 \cdot$ 1/at)

stellen ein Diagramm der Abhängigkeit Q_0^* von der Zeit (t) auf. Gewöhnlich wachsen die Pseudovorräte während der Zeit des Abbaus gesetzmäßig geradlinig. Folglich sind bei $t = 0$ die Pseudovorräte gleich den ursprünglichen Bilanzvorräten (Q_0). Die gesuchte Größe wird graphisch durch Extrapolation der ermittelten Geraden bis zur Ordinatenachse (s. Abb.) und analytisch nach ihrer Gleichung bestimmt, die durch das Verfahren der kleinsten Quadrate gefunden wird:

$$Q_0^* = a + bt, \quad Q_0 = a$$

Die vorgeschlagene Methode wurde bei der Berechnung der Erdölvorräte des Oberkreidehorizonts der Lagerstätte Malgobek—Ali-Jurt und der VIII. Schicht der Unteren Kreide der Lagerstätte Simnjaja Stawka erprobt. Beim Abbau dieser Objekte lag ein elastisches Wasserdruckregime vor, das durch das Tempo der Schichtdruckverminderung von 8—25 at/Jahr charakterisiert ist. Besonders interessante Ergebnisse wurden bei der Berechnung der Vorräte des sehr großen Erdöllagers des nordkaukasischen Gebiets von Malgobek—Ali-Jurt erzielt.

Die Berechnung der Vorräte dieses Lagers wurde nach der Volumenmethode durch verschiedene Organisationen durchgeführt. Nach dem Stand vom 1. Januar 1963, als lediglich neun Bohrungen niedergebracht waren, wurden von der Staatlichen Vorratskommission Vorräte in Höhe von 8,49 Bezugseinheiten bestätigt. In der

Folgezeit stieg die Zahl der niedergebrachten Bohrungen auf 22 an, und die Neuberechnungen der Vorräte nach dem Stand vom 1. Januar und vom 1. Oktober 1966, die ebenfalls auf den Vorstellungen vom überwiegenden Klufttyp des Speichergesteins basierten, ergaben ähnliche Resultate (8,36—8,63 Bezugseinheiten). Im Jahre 1968 wurde durch die Arbeiten von G. A. SCHNURMAN, der hauptsächlich geophysikalisches Material auswertete, der Nachweis erbracht, daß den intergranularen Poren und Kavernen bei der Bildung des Volumens im Speichergestein dominierende Bedeutung zukommt. Dieser Umstand fand seine Widerspiegelung in der Vergrößerung des Koeffizienten der sekundären Porosität und demzufolge auch der Erdölvorräte bis zu 11,87 Bezugseinheiten.

Bei der Bestimmung der Pseudovorräte nach der Formel (6) ist es prinzipiell wichtig, die Koeffizientengröße des Volumendrucks in dem porösen Medium richtig festzulegen. Der Koeffizient C_p für homogene Sandsteine kann infolge des Gebirgs- und des Schichtdrucks in einem weiten Bereich zwischen $1{,}0 \cdot 10^{-5}$ und $20 \cdot 10^{-5}$ 1/at schwanken, wobei eine deutliche gesetzmäßige Verminderung mit der Tiefenlage der Schicht zu beobachten ist (DOBRYNIN 1964). Weit weniger ist die Kompressibilität der Poren, Spalten und Kavernen bei Karbonatspeichern untersucht worden. Nach MAIDEBOR (1967) beträgt der Koeffizient der Kompressibilität des Spaltenmediums des Oberkreidehorizonts der Lagerstätte Malgobek—Ali-Jurt $0{,}5 \cdot 10^{-5}$ 1/at, während der Kompressibilitätskoeffizient der sekundären Hohlräume $(30—50) \cdot 10^{-5}$ 1/at erreicht. DOBRYNIN (1964) ist der Meinung, daß sich der Parameter C_p des Karbonatspeichergesteins vom Grosny-Typ im Bereich von $(1{,}9—10{,}2) \cdot 10^{-5}$ 1/at verändert. In Zusammenhang mit den vorstehenden Ausführungen läßt sich eine Berechnung der Pseudovorräte bei unterschiedlichen Werten von C_p durchführen, zum Beispiel $1{,}9 \cdot 10^{-5}$ 1/at; $10{,}2 \cdot 10^{-5}$ 1/at und $40 \cdot 10^{-5}$ 1/at. Die übrigen Ausgangsdaten sind die folgenden: $S_p = 22 \cdot 10^{-5}$ 1/at, $P_n = 203$ at (auf Grund der im SewKawNII durchgeführten Analysen von Erdölschichtproben), $P_0 = 475$ at (NPU Malgobekneft und SewKawNII); die kumulative Erdölentnahme (in Bezugseinheiten) und der Verlauf des Schichtdrucks (at) nach Abbaujahren sind in der Tabelle angeführt. Die in ihr angegebenen Resultate sind in dem Diagramm in den Koordinaten Q_0^* und t (s. Abb.) dargestellt.

Tabelle

Abbaujahre	Akkumulierte Erdölförderung (Q_s), Bezugseinheiten	Laufender Schichtdruck (P), at	Pseudovorräte, Bezugseinheiten		
			bei $S_p = 1{,}9 \cdot 10^{-5}$ 1/at (Q_I^*)	bei $S_p = 10{,}2 \cdot 10^{-5}$ 1/at (Q_{II}^*)	bei $S_p = 40 \cdot 10^{-5}$ 1/at (Q_{III}^*)
1960	0,1208	463,5	41,6	33,35	16,63
1961	0,2628	455	52,1	39,26	20,85
1962	0,4560	447	64,7	48,70	25,85
1963	0,7460	436,5	77,3	58,05	30,90
1964	1,171	422,0	88,2	66,40	35,25
1965	1,811	405,3	104,2	78,40	41,65
1966	2,570	380,5	109,8	82,60	43,80
1967	3,360	362,5	121,0	91,10	48,35

In allen Fällen sind geradlinige Abhängigkeiten der Pseudovorräte von der Zeit des Abbaus eines Lagers an zu beobachten. Die mathematische Bearbeitung dieser Abhängigkeiten zeigt, daß sich mit der Vergrößerung des Koeffizienten C_p die anfänglichen Bilanzerdölvorräte von 17,92 bis auf 7,23 Bezugseinheiten verringern. Unter Berücksichtigung der Ergebnisse, die nach der Volumenmethode gewonnen wurden, kann man annehmen, daß der wahrscheinliche Zahlenwert der Vorräte irgendwo zwischen 7,23 und 13,52 Bezugseinheiten liegt. Folglich ist der Kompressibilitätskoeffizient des in Frage stehenden (porös-kavernösen Kluft-)Speichergesteins ungefähr gleich $(20—30) \cdot 10^{-5}$ 1/at.

Es muß betont werden, daß die nach der Methode von DOBRYNIN (1964) durchgeführte Berechnung offensichtlich überhöhte Vorratswerte ergab: Bei Kalksteinen ($C_p = 10{,}2 \cdot 10^{-5}$ 1/at), für deren Aufnahmefähigkeit die Porosität und Kavernosität eine minimale Bedeutung haben, wurden 17,6 Bezugseinheiten errechnet, bei Kalksteinen ($C_p = 1{,}9 \cdot 10^{-5}$ 1/at), für deren Aufnahmefähigkeit die Porosität und Kavernosität eine maximale Bedeutung haben, ergaben sich 24,15 Bezugseinheiten.

Das von uns vorgeschlagene graphisch-analytische Verfahren der Materialbilanz muß bei der Einschätzung von Vorräten in Erdölschichten mit einem elastischen Wasserregime umfassende Anwendung finden. Besonders günstige Objekte hierfür sind die produktiven Horizonte der mesozoischen Ablagerungen des Bereichs Grosny, die in Teufen von 3500—4000 m liegen. Das Abteufen von Bohrungen unter diesen Bedingungen dauert anderthalb bis zwei Jahre. Daher kann eine zuverlässige Untersuchung der Volumenparameter eines Lagers erst in 5—7 Jahren nach Erkundungsbeginn durchgeführt werden. Gleichzeitig ermöglicht erst die Produktion aus einigen Sonden mit hohen Förderkoeffizienten, die Gesetzmäßigkeiten des Druckabfalls nach der Lagerfläche zu klären und die Schichteigenschaften des Erdöls zu untersuchen, das heißt, die notwendigen Angaben für die Berechnungen nach der Formel (6) zu erhalten. Angesichts des komplizierten Aufbaus der mesozoischen Speichergesteine in diesem Bereich ist anzunehmen, daß der vorgeschlagenen Methode für die Berechnung von Erdölvorräten eine grundlegende Bedeutung zukommt. Sie wird durch die Volumenmethode zu kontrollieren sein. Damit sind jedoch ihre Möglichkeiten noch nicht erschöpft, da man beim Lösen der Gleichung (5) in bezug auf W die Menge des in das Lager eingedrungenen Wassers für jeden beliebigen Zeitpunkt des Abbaus finden und damit eine Vorstellung von der Intensität des elastischen Wasserdruckregimes und von der Größe des Koeffizienten der Erdölabgabe im Verhältnis zum Wasser gewinnen kann.

Literatur

AMIX, J., D. BASS & R. WITING: Die Physik der Erdölschicht. — Wissenschaftlich-technischer Staatsverlag für Literatur über Erdöl und fossile Brennstoffe, Moskau 1962.

DOBRYNIN, W. M.: Die Berechnung von anfänglichen Erdölvorräten bei einem Wasserdruckregime unter Anwendung von elastischen Charakteristika der Schicht. — Geologija nefti i gasa, Nr. 1, Moskau 1964.

MAIDEBOR, W. N.: Die Bestimmung der Koeffizienten der Kompressibilität von sekundären Hohlräumen und des Spaltenmediums. — Arbeiten des SewKawNII, Heft III, Verlag Nedra, Moskau 1967.

SHDANOW, M. A., W. R. LISSUNOW & F. A. GRISCHIN: Methodik und Praxis der Berechnung von Erdöl- und Erdgasvorräten. — Verlag Nerda, Moskau 1967.

Zeitschrift für angewandte Geologie, Bd. 17 (1971), Heft 10

Der Zeitfaktor bei der Bildung stratiformer Erzlagerstätten

W. I. SMIRNOW, Moskau

Viele stratiforme Erzlagerstätten benötigten zu ihrer Entstehung eine lange Zeit, die Dutzende und sogar Hunderte von Millionen Jahren betrug. Hierbei erfolgte in der Frühetappe gewöhnlich eine syngenetische Fällung der erzbildenden Substanz, die in der Spätetappe von der Akkumulation epigenetischer hydrothermaler Erze abgelöst wurde.

Der Ausdruck „stratiforme Erzlagerstätten" erscheint erstmalig zu Beginn der sechziger Jahre während der Vorbereitung einer speziellen wissenschaftlichen Konferenz, die der Entstehung dieser eigenartigen Konzentrationen von Buntmetallerzen gewidmet war (Symposium 1966).

Diese Bezeichnung löste die Definition jener Gruppe von Erzlagerstätten ab, die früher als „telethermale" bezeichnet wurden. Der Wechsel der Begriffe wurde durch die allgemeine Enttäuschung bei ihrer Zuordnung zur telethermalen Unterklasse der hydrothermalen Bildungen hervorgerufen, da die Entstehungsbedingungen dieser Lagerstätten kompliziert und widersprüchlich aussahen und nicht ausschließlich vom Gesichtspunkt ihrer klassischen magmatogenen hydrothermalen Genese bewertet werden konnten. Später hat sich der Kreis der stratiformen Lagerstätten erweitert. Zu ihnen zählt man heute solche Lagerstätten, die nach Bildungsverhältnissen und Lage der Schichtung vulkanogen-sedimentären und sedimentären geschichteten Folgen untergeordnet sind. Als ihre bedeutendsten Vertreter sind viele Kieslagerstätten des Frühstadiums der geosynklinalen Zyklen zu betrachten, ferner Blei–Zink-Lagerstätten in karbonatischen Gesteinen und Kupferlagerstätten in Sandsteinen und Schiefern im Spätstadium der geosynklinalen Entwicklungszyklen der Gebiete abgeschlossener Faltung und in den oberen Stufen der Tafeln. Die Dauer der Bildung mit dem radikalen Wechsel des Erzbildungsregimes von den Anfangs- zu den Endetappen dieses Prozesses vereinigt alle Arten der stratiformen Lagerstätten. Am deutlichsten stellt sich dieser Umstand bei der Betrachtung der Erzprovinzen heraus. Er ist aber auch bisweilen hinreichend klar in einzelnen Erzfeldern und Lagerstätten stratiformen Charakters zu finden.

Kieslagerstätten

Nach ihrer Zusammensetzung, der geologischen Situation und den Bildungsverhältnissen unterscheiden sich die Kieslagerstätten wesentlich von den anderen Erzbildungen. Sie lassen sich klar als eine besondere genetische Gruppe gliedern. Innerhalb der Kieslagerstätten gibt es Schwefelkieslagerstätten, Kupferkieslagerstätten, Zinkkieslagerstätten und polymetallische Kieslagerstätten, wobei in der Zusammensetzung der Erze der letzteren die Eisensulfide stark dominieren. Sie alle assoziieren mit vulkanogenen submarinen Spilit-Keratophyr- oder Diabas-Albitophyr-Formationen des Frühstadiums der geologischen Entwicklung der Eugeosynklinalen. Die Formierung vieler Provinzen der Kieserze umfaßt ein großes Zeitintervall, im Verlaufe dessen diese Lagerstätten mehrfach entstanden. Im Kaukasus sind Kieslagerstätten des kaledonischen, herzynischen, kimmerischen und alpidischen Zyklus bekannt. Im Ural wurden Lagerstätten des proterozoischen, kaledonischen und herzynischen Zyklus festgestellt. In Kanada wurden Kieserzfelder des proterozoischen, herzynischen und kimmerischen Zyklus nachgewiesen. In Japan wurden Kieslager des herzynischen, kimmerischen und alpidischen Zyklus fixiert. Im Rahmen jedes dieser Zyklen konnte die Kieserzbildung ebenfalls mehrfach erfolgen. So sind im Ural herzynische Lagerstätten obersilurischen, mitteldevonischen und unterkarbonischen Alters bekannt. Für einzelne Kieserzfelder, -lagerstätten und sogar -körper ist ein langer Zeitraum der Erzakkumulation zu verzeichnen, die subvulkanisch begann und in der postvulkanischen Etappe, die ihnen ihr endgültiges Gepräge gab, abgeschlossen wurde (SMIRNOW 1968). Die langwährenden Entstehungsbedingungen der Kieslagerstätten können am Beispiel des Rudny Altai (Erzaltai) und des Gebiets von Atassu in Kasachstan behandelt werden.

Rudny Altai (Erzaltai)

Die heftige Diskussion zum Problem der Genese der polymetallischen Kieslagerstätten des Rudny Altai ist gut bekannt. Lange Zeit herrschte der traditionelle Standpunkt einer klassischen hydrothermalen Entstehung derselben im Zusammenhang mit Abkömmlingen des oberpaläozoischen Granitkomplexes von Smeinogorsk vor (P. BUROW, I. GRIGORJEW, W. NECHOROSCHEW, D. GORSHEWSKI, G. JAKOWLEW u. a.). In den vierziger und fünfziger Jahren wurde diesem Standpunkt die Vorstellung von einem engen genetischen, räumlichen und zeitlichen Zusammenhang dieser Lagerstätten mit devonischen vulkanogenen Folgen, die einen großen Teil der Erzlager enthalten, gegenübergestellt (WEJZ 1959; SCHTSCHERBA 1957, 1968; DERBIKOW 1966 u. a.).

Die Argumente dieser beiden Geologengruppen wurden mehrfach publiziert und brauchen nicht vollständig wiederholt zu werden. Man kann lediglich darauf hinweisen, daß zugunsten des oberpaläozoischen Alters und der plutonisch-hydrothermalen Hypothese der Umstand spricht, daß eine Reihe von Erzgängen die devonischen Effusiva durchsetzt (schneidet) und daß polymetallische Gänge auftreten, welche die Granite von Smeinogorsk durchörtern, so in der Lagerstätte Paryga. Zugunsten des devonischen Alters und der vulkanogen-hydrothermalen Hypothese sprechen die geschichtete Textur der Erze und die Schichtform der meisten Erzlager, die konkordant zu den sie umgebenden devonischen vulkanogenen Gesteinen liegen. Besonders bedeutungsvoll sind in diesem Sinne die vulkanogen-sedimentären Bruchstücke (Trümer) des sulfidischen Erzes, die in devonischen Pyroklasten der über dem Erz liegenden Folge bekannt sind. Ein Bruchstück des oxydierten sulfidischen Erzes wurde Verf. von I. GORSHEWSKI in derartigen Gesteinen in einem Schürfgraben südlich von Smeinogorsk gezeigt. Schließlich wurden kürzlich im Bereich der Lagerstätte Ridder—Sokolnoje devonische polymetallische Erze vulkanogen-sedimentärer Herkunft gefunden, untersucht und beschrieben (POKROWSKAJA & KOWRIGO 1970).

Diese Erze bilden das „Zweite Ridder-Lager", das sich in vulkanogen-sedimentären Ablagerungen der Eifel-Stufe be-

Aus: „Geologija rudnych mestoroshdenij", H. 6., S. 3–15 (1970).
Übers.: Dipl.-Min. WOLFGANG OESTREICH, ZGI, Berlin.

findet. Die vier parallelen Erzkörper haben Schichtform und liegen konkordant zu den sie umgebenden Aleuropeliten des mittleren Teils der Krjukow-Suite. Bei den Erzkörpern handelt es sich um eine feine Wechsellagerung zwischen Schiefer und festem feinkörnigem Erz, das aus Sphalerit, Galenit, Pyrit, Chalkopyrit, Fahlerzen sowie Dolomit und anderen Gangmineralien besteht. Für die Zeitgleichheit der Bildung von Erzen und Nebengesteinen zeugen: 1. die Sedimentationsrhythmik des Absatzes der Erzsubstanz; 2. die spezifische Form der Erzlagen, die sich durch eine geradlinige Untergrenze und eine unebene Obergrenze auszeichnen; 3. Verformungsmerkmale von Erz und Gestein, synchron der Sedimentation; 4. gemeinsame Fältelung der Erz- und Schieferlagen bei den nach der Vererzung erfolgten Dislokationen.

Daher wurden innerhalb der polymetallischen Kieslagerstätten des Rudny Altai einerseits Lager festgestellt, die mit mitteldevonischen Effusiva zusammenhängen, andererseits aber auch Erzkörper, die mit mittelkarbonischen Intrusiva assoziieren. Das kann nur mit der langen Bildungsdauer der Erze dieser Provinz erklärt werden. Sie begann im mittleren Paläozoikum im Zusammenhang mit dem devonischen Vulkanismus, als metasomatische und vulkanogen-sedimentäre Lager von polymetallischem Kieserz gebildet wurden, und wurde im oberen Paläozoikum im Zusammenhang mit einem granitoidischen Magmatismus abgeschlossen, der die Entstehung einiger gangförmiger Erzkörper (möglicherweise auch solcher anderer Form) bedingte. Von der Anfangs- bis zur Schlußetappe der Erzbildung vergingen 50 Millionen Jahre. Aus diesem Anlaß behauptet G. N. SCHTSCHERBA mit Entschiedenheit, daß der mächtige granitoidische Magmatismus im Bereich der Erzaltaizone (Komplex von Smeinogorsk) einen beträchtlichen Teil der polymetallischen Kieserze vernichtete, aber nicht erzeugte; dieser Magmatismus gab nur einen geringen Anteil in Form einer regenerierten hydrothermalen Gangvererzung zurück.

Atassu in Kasachstan

Die Lagerstätten dieses Gebiets, von denen Shajrem, Uschkatan, Shunart, Karashal und Bestjube am bekanntesten sind, sind innerhalb des Shailjma-Synklinoriums konzentriert, das aus oberdevonischen vulkanogen-sedimentären Gesteinen besteht. Hier sind schichtige Eisen–Mangan- und Pyrit–Sphalerit-Erze, die mit den sie umgebenden Schichtgesteinen zeitgleich sind, und überprägende Blei–Zink–Baryt-Erze jüngerer Bildung kombiniert. A. G. BETECHTIN, L. W. PUSTOWALOW u. a. betrachteten diese Lagerstätten als rein sedimentäre, die später metamorphosiert wurden. I. S. JAGOWKIN, M. P. RUSSAKOW, K. I. SATPAJEW u. a. hielten sie für hydrothermale, metasomatische Bildungen. Bei der Verteidigung des ersten Standpunktes wurden die Daten berücksichtigt, welche die Sedimentnatur der Lagerstätten kennzeichnen, die durch die konkordante Schichtform der Erzkörper, ihren rhythmisch-schichtigen Bau und die einfache Mineralzusammensetzung fixiert wird. Bei der Verteidigung der zweiten Hypothese wurden dagegen die Züge der hydrothermalen Herkunft berücksichtigt, hierbei besonders der durchörternde Charakter einiger Erzkörper oder ihrer Teile, die Merkmale der metasomatischen Erzbildung, begleitet von Albitisierung, Dolomitisierung, Verquarzung und Barytisierung der Nebengesteine. Aber bereits 1938 lenkte N. A. SCHTREJS die Beachtung auf die enge Verflechtung der Merkmale sedimentärer und hydrothermaler Erzbildung, und er postulierte die These von der in zwei Etappen erfolgenden Bildung dieser Lagerstätten — von einer frühen vulkanogen-sedimentären und einer späten überprägenden hydrothermalen Etappe. Später begründete G. N. SCHTSCHERBA (1964) eingehend diese Vorstellung, indem er den spezifischen Atassu-Typ der polymetallischen Lagerstätten Zentralkasachstans herausstellte. Nach seinen Angaben hatten diese Lagerstätten die folgende Bildungsgeschichte: Im Trog des oberdevonischen Meeresbodens akkumulierten sich vulkanogen-sedimentäre Gesteine. Zu ihrer Zusammensetzung gehörten Tuffe, Tuffite, Argillite, Kalke und Dolomite, durchbrochen von Sills und Dikes mit Diabas-Andesit- und Trachydazit-Liparit-Zusammensetzung. Gleichzeitig wurden innerhalb der kohlig-kieselig-karbonatischen Gesteine des oberen Famenne Siderit, Haematit, Magnetit, Pyrolusit, Psilomelan und Braunit abgesetzt, welche die sedimentären Fe–Mn-Erze des Gebiets erzeugten. Wenn in diese Mineralreihe durch den Absatz von feinkugeligem Pyrit und Sphalerit eine gewisse Abwechslung gebracht wurde, entstanden syngenetische schichtige Lager von Fe–Mn–Zn-Erzen. Die Metallverbindungen für die Bildung dieser Erze gelangten aus vulkanogenen hydrothermalen Quellen auf den Boden des Meeres. Später wurden die schichtigen Erzlager von den Gesteinen des Hangenden überdeckt, aber der hydrothermale Prozeß dauerte an. Seine Folge waren schichtartige und linsenartige Körper von Baryt-Sphalerit-Galenit-Zusammensetzung, ebenfalls konzentriert in Gesteinen des oberen Famenne.

G. N. SCHTSCHERBA nimmt an, daß die hydrothermal-metasomatischen Erze nach den sedimentären mit dem Hinüberwachsen der Sedimentogenese in die Metasomatose entstanden sind. Andere Geologen zählen ihre Bildungszeit zu der Nachfaltungsperiode des herzynischen Zyklus. In diesem letzten Falle beträgt der zeitliche Hiatus vom Beginn der sedimentären Erzakkumulation bis zum Ende der metasomatischen Erzbildung etwa 100 Millionen Jahre.

Blei–Zink-Lagerstätten in karbonatischen Gesteinen

Stratiforme Lagerstätten von Sphalerit und Galenit, häufig in Assoziation mit Pyrit, Baryt, Fluorit und anderen Mineralien, sind kennzeichnend. Sie tendieren zu bestimmten stratigraphischen Horizonten mächtiger Folgen karbonatischer Gesteine, wobei sie vorwiegend deren dolomitischen Varietäten folgen. Auf den Verbreitungsflächen dieser Lagerstätten fehlen Eruptivgesteine, deren postmagmatische Derivate sie sein könnten. Als ihre bekanntesten Vertreter werden in der Sowjetunion die Lagerstätten des Karatau-Gebirges in Kasachstan betrachtet. Im Ausland sind es die Lagerstätten im Tal des Mississippi in den USA, jene von Pine Point in Kanada, von Górny Śląsk in Polen, an der Nord-, West- und Ostküste Afrikas u. a. Diese Lagerstätten sind seit langem ein Streitobjekt für die sie untersuchenden Geologen. Ein Teil der Bearbeiter hält sie für primäre sedimentäre syngenetische Bildungen, die später in bestimmtem Maße eine Veränderung erfuhren (W. S. DOMARJOW, M. M. KONSTANTINOW, W. M. POPOW, N. M. STRACHOW, G. AMSTUTZ, G. GRUSZCZYK, A. MAUCHER, O. OELSNER u. a.). Andere rechnen sie zu den epigenetischen Bildungen, die durch in der Tiefe zirkulierende heiße Mineralwässer nach der Bildung der Nebengesteine abgesetzt wurden. Hierbei können solche Wässer magmatogener, metamorphogener, sedimentogener und meteorischer Herkunft sein (A. G. BETECHTIN, JE. JE. SACHAROW, I. I. KNJASEW, W. M. KREJTER, Cz. BERE, T. GAŁKIEWICZ u. a.). Verf. vertritt den zuletzt genannten Standpunkt, der nur teilweise seine Rechtfertigung gefunden hat.

Zugunsten der ersten Hypothese sprechen der schichtige stratiforme Charakter der Erzkörper, die keinen sichtbaren Zusammenhang mit tektonischen Erzleitkanälen und magmatischen Gesteinen zeigen. Für die zweite Hypothese spricht, daß neben den schichtigen auch durchörternde Erzkörper auftreten, ferner sprechen dafür die Merkmale der Metasomatose bei der Erzausscheidung und bei der Veränderung der Nebengesteine, die Stadienhaftigkeit der Erzbildung und die relativ hohe Mineralisationstemperatur, die 70—200 °C beträgt.

In der letzten Zeit begann man, auf die lange Bildungsdauer der stratiformen Blei–Zink-Lagerstätten in karbonatischen Gesteinen aufmerksam zu werden. So beweist R. S. CANNON (1963), daß die großen zonalen Kristalle der Galenite in den Lagerstätten des Mississippi-Tals im Verlauf von 100—300 Millionen Jahren gewachsen sind.

S. A. JUSCHKO unterschied in den Lagerstätten des Karatau sechs Galenitgenerationen, von denen die erste den sie umgebenden oberdevonischen Dolomiten synchron ist, während die letzte Generation auf Cerussitkristallen der Zone oxydierter Erze des Mesozoikums oder Känozoikums entstand. In diesem Zusammenhang entstand die Idee von der Evolution der Erzbildungsverhältnisse, die am Anfang syngenetisch-sedimentären entsprechen und in der Folgezeit von epigenetisch-hydrothermalen abgelöst werden konnten. Solche Vorstellungen veröffentlichten P. LAFFITTE (1964), P. ZUFFARDI (1966), G. BAIN (1968), S. A. JUSCHKO (1969) u. a. Im folgenden werden sie am Beispiel der Lagerstätten des Karatau (im wesentlichen nach Angaben S. A. JUSCHKOs) und Sardiniens (nach Materialien P. ZUFFARDIs) demonstriert.

Karatau in Kasachstan

Die Grundlage des geologischen Baus des Karatau-Gebirges bilden mächtige Folgen oberdevonischer und unterkarbonischer karbonatischer Gesteine, die gefaltet und durch Verwerfungen und Überschiebungen zerschlagen wurden. Innerhalb der Blei-Zink-Lagerstätten dieses Gebiets unterscheidet man zwei Haupttypen, die nach den Lagerstätten, die sie führen, als Mirgalimsaj- und als Atschissaj-Typ bezeichnet werden.

Die Lagerstätten des Typs Mirgalimsaj sind durch konkordante schichtige Körper in Dolomiten des sogenannten zweiten Bänderhorizonts der Famenne-Stufe vertreten. Sie bestehen aus einer feinen Wechsellagerung von sedimentärem Dolomit und erzbildenden Mineralien, unter denen Galenit führend ist. Weniger vertreten sind Sphalerit, Pyrit, Kupfersulfide, Baryt, Ankerit und Calcit. Die bitumenisierten Dolomite weisen oolithischen Bau auf. Für die Erzmineralien, die zur frühesten (ältesten) Generation in den Erzen des Karatau gehören, sind eine kollomorphe metakolloidale Struktur und eine nierenförmige oolithische Textur kennzeichnend, die keinen Zweifel daran aufkommen lassen, daß sie mit den umgebenden sedimentären erzführenden Dolomiten syngenetisch sind.

Die Lagerstätten des Typs Atschissaj sind in Form konkordanter Linsen und großer durchsetzender (schneidender) Körper in karbonatischen Gesteinen des Devons und Karbons verbreitet. Sie bestehen aus massigem Pyrit mit Galenit, Sphalerit und anderen Mineralien, die nach der ersten Generation abgesetzt wurden. Diese Erzkörper werden von Höfen einer hydrothermalen Dolomitisierung der Nebengesteine umsäumt.

Unter Berücksichtigung der dargelegten Daten läßt sich die Bildungsgeschichte der Blei-Zink-Lagerstätten des Karatau wie folgt darstellen: In ihrer Frühetappe, im späten Devon, wurden die „Grundlagen" der schichtigen sedimentären Erze des Typs Mirgalimsaj geschaffen. Danach, im Unterkarbon, aber möglicherweise auch später, dauerte die Erzbildung an, aber jetzt bereits unter der Einwirkung der Zirkulation heißer unterirdischer Wässer. Hierbei konnte eine teilweise Umwandlung der primären sedimentären Erzkonzentrationen und die Entstehung neuer Erzkörper, die alle Merkmale einer hydrothermalen Herkunft aufweisen, erfolgen. Bemerkt sei, daß nach den Variationen der Bleiisotope der Galenite des Karatau die Substanz beider Erztypen aus älteren Bildungen stammt, die dem unteren Teil des Unterpaläozoikums entsprechen (SMIRNOW 1969). Der zeitliche Abstand zwischen der Entstehung des Bleis des Karatau und seiner Fixierung in den Lagerstätten beträgt mindestens 160 Millionen Jahre.

Sardinien

Die Blei-Zink-Baryt-Lagerstätten sind im südwestlichen Teil der Insel konzentriert, der aus mächtigen Folgen von Kalken, Dolomiten, Sandsteinen und Schiefern des Kambriums, Ordoviziums und Silurs besteht. Diese Gesteine wurden als Folge der kaledonischen, herzynischen und alpidischen Orogenese gefaltet und durch zahlreiche Verwerfungen zerschlagen. Die herzynische Orogenese wurde von Graniten begleitet, die alpidische von basischen und sauren Vulkaniten.

Auf Sardinien werden drei Gruppen von Lagerstätten unterschieden (ZUFFARDI 1966):

erstens, konkordante schichtige synsedimentäre Lager im sogenannten metallführenden Horizont der Kalke und Dolomite des Kambriums, in geringerem Maße in Sedimenten des Ordoviziums und Silurs. Zur Zusammensetzung der Erze dieser Lager gehören Pyrit, gewöhnlich mit Framboidalstruktur, Markasit, Chalkopyrit, lichter Sphalerit, Galenit, Baryt und Karbonate. Sie haben feingebänderte rhythmisch geschichtete Textur und kollomorphe Struktur. Wie das Verhältnis der Schwefelisotope zeigt, wurden sie unter Einwirkung biogener Faktoren abgelagert. Diese Erze werden als Produkte der unterpaläozoischen marinen Sedimentbildung betrachtet;

zweitens, durchsetzende epigenetische Lager von Erzen ähnlicher Zusammensetzung, kontrolliert durch Spalten (Klüfte) der kaledonischen Orogenese, die außerhalb eines Zusammenhangs mit späteren Graniten liegen. Man behandelt sie als Erze, die aus sedimentären Bildungen unter der Einwirkung chemisch aktiver amagmatischer heißer Wässer der Tiefenzirkulation umgelagert wurden;

drittens, durchsetzende epigenetische Lager von Erzen, die rings um Massive herzynischer Granite liegen, mit zonalen Übergängen von Skarnbildungen zu hydrothermalen Mitteltemperaturbildungen. Diese Erze bestehen aus Epidot, Chlorit, Quarz, Baryt, Pyrit, Pyrrhotin, Magnetit, Haematit, dunklem Sphalerit und Galenit.

P. ZUFFARDI betrachtet die Bildungsgeschichte der Lagerstätten Sardiniens wie folgt: Im Frühpaläozoikum erfolgte eine Akkumulation der dispersen, den karbonatischen Nebengesteinen syngenetischen Eisen-, Zink- und Bleisulfide sowie des Bariumsulfats. Während der kaledonischen Faltung wurden die vorher abgelagerten Metallverbindungen unter der Einwirkung heißer Wässer der Tiefenzirkulation teilweise mobilisiert und zu epigenetischen Erzkörpern umge-

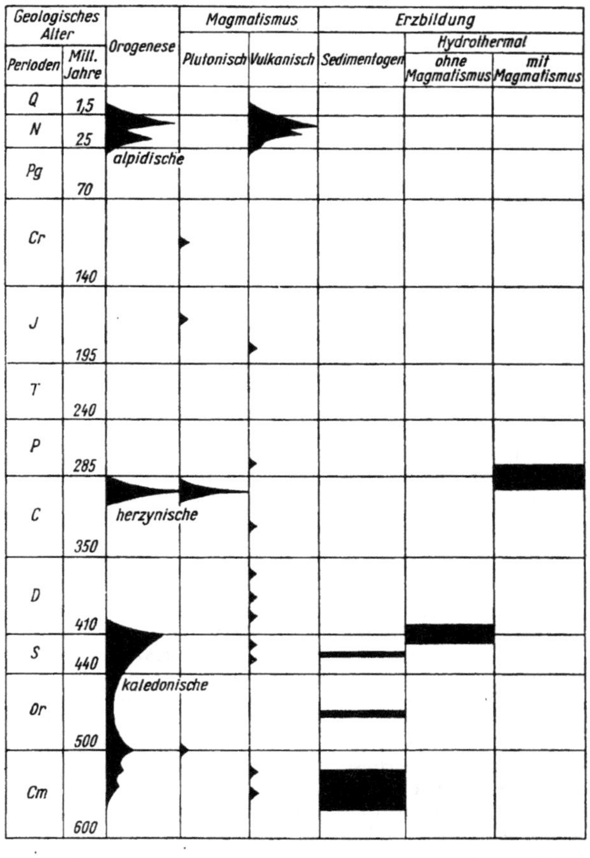

Abb. Historisches Schema der Bildung der stratiformen Blei-Zink-Lagerstätten Sardiniens (nach P. ZUFFARDI)

lagert. Während des Eindringens der herzynischen Granite fand eine noch aktivere Mobilisierung der früher abgesetzten Erze und ihre Umwandlung in magmatogene hydrothermale Lagerstätten statt. Im Verlaufe des Mesozoikums und Känozoikums erfolgte eine hypergene Umgruppierung (Neuverteilung) der Erzsubstanz (s. Abb.). Vom Beginn des Absatzes der Erze in Sedimente des Kambriums bis zur Herausbildung der herzynischen hydrothermalen Lagerstätten vergingen etwa 300 Millionen Jahre.

Kupferlagerstätten in Sandsteinen und Schiefern

Pyrit-, Chalkopyrit- und Bornitlagerstätten mit schichtiger und anderer Form in geschichteten Folgen terrigener Gesteine haben sich seit langem als wichtige Quellen von Kupfererzen empfohlen. Hervorragende Vertreter davon sind in der Sowjetunion Dsheskasgan in Kasachstan und Udokan in Sibirien. Im Ausland gehören zu ihnen die nicht minder bekannten Lagerstätten von Kupfersandsteinen und -schiefern Südafrikas, diejenigen von Mansfeld in der Deutschen Demokratischen Republik, von Górny Śląsk in Polen u. a. In den meisten dieser Lagerstätten sind Merkmale sowohl der sedimentären syngenetischen Entstehung als auch Züge einer hydrothermalen epigenetischen Genese ausgeprägt, und im Zusammenhang damit dauert der Streit über ihre Bildungsverhältnisse schon Jahrzehnte an. Die schichtige Form (Flözform) der Erzkörper, ihre Konkordanz mit den schichtigen Nebengesteinen, die stratigraphische und lithologische Kontrolle, das Fehlen eines sichtbaren Zusammenhangs mit magmatischen Gesteinen und andere Merkmale sprechen für die Anhänger der syngenetischen sedimentären Entstehung dieser Erze (W. M. POPOW, D. S. SAPOSHNIKOW, W. GARLICK, P. ROUTHIER, H. SCHNEIDERHÖHN u. a.). Die Anwesenheit durchsetzender Teile und durchsetzender Erzlager, der stadienhafte Charakter der Erzbildung, die Merkmale der metasomatischen Veränderung der Nebengesteine stützten immer wieder die Verteidiger ihrer hydrothermalen Bildung (M. P. RUSSAKOW, K. K. SATPAJEW, A. BATEMAN, L. GRATON, CH. DAVIDSON u. a.).

Bei diesen Lagerstätten sind die Merkmale einer lang andauernden Entwicklung weniger ausgeprägt als bei den beiden vorher behandelten Gruppen. Nichtsdestoweniger wurden Vorstellungen von einer Ausgangsakkumulation der erzbildenden Substanz in Sedimenten der erzführenden Folgen mit nachfolgender Komplizierung unter der Einwirkung hydrothermaler Hochtemperaturlösungen ausgesprochen (DARNLEY 1960).

Einige Besonderheiten dieser Lagerstätten unter dem Aspekt der allgemein interessierenden Umstände ihrer Entstehung sollen am Beispiel der Erzfelder Südafrikas und Mansfelds behandelt werden.

Südafrika

Nach den Angaben F. MENDELSONS (1961) u. a. bilden die bekannten afrikanischen Lagerstätten einen Erzgürtel, der sich über 700 km von Nordrhodesien nach Katanga bei einer Breite von etwa 40 km erstreckt. Dieser „copper belt" folgt gefalteten schwach metamorphosierten Argilliten und mergeligen Dolomiten der „ore formation"; diese Gesteine haben eine Mächtigkeit von 20 bis 70 m. Sie gehören zum unteren Teil des spätproterozoischen Katanga-Systems. Die meisten Erzkörper haben die Form von Schichten (Flözen) und schichtartigen Körpern, die konkordant zu den sie umgebenden Schiefern und Dolomiten liegen. Sie zeichnen sich durch eine feinschichtige und fleckige Textur des Erzes aus, das bedeutende Merkmale einer sedimentären Bildung aufweist (Schrägschichtung, Dolitifikationsrutschungsbrekzien u. dgl.). Neben der stratigraphischen Kontrolle ist für sie auch eine lithologische festzustellen, die darin besteht, daß die Erzschichten beim Übergang aus den Argilliten und mergeligen Dolomiten in Geröllager, Arkosesandsteine oder sandige Dolomite auskeilen. Die Erzkörper werden nicht von einer Veränderung der Nebengesteine begleitet, sie entstanden vor der Faltung und waren der Einwirkung der Falten- und Bruchdislokationen ausgesetzt. Das eingesprengte Erz enthält als Hauptmineralien Pyrit, Chalkopyrit, Bornit, stellenweise Linneit und andere Kobaltmineralien, ferner Uranmineralien.

Zugleich sind innerhalb des „copper belt" auch durchsetzende (schneidende) Erzkörper bekannt. Beispiele dafür sind Kipushi und Shinkolobwe. Zu ihnen gehören auch zahlreiche Quarz-Karbonat-Feldspat-Gänge mit Sulfiden in den kristallinen Gesteinen des Präkatanga-Systems. Es wurde festgestellt, daß solche Gänge nach oben hin beim Übergang in Konglomerate, Sandsteine, Schiefer und Dolomite der Katanga-Folge durch Zonen einer sulfidischen Einsprengung abgelöst werden. Obgleich viele Bearbeiter der Kupferlagerstätten Südafrikas die hydrothermalen Gänge des kristallinen Fundaments für präkatangisch halten und sie als Hauptressource für die Bildung stratifizierter Lager während der Katanga-Transgression betrachten, hat noch niemand bewiesen, daß es darunter keine Gänge gibt, die den schichtigen Körpern verwandt oder sogar jünger als sie sind. Für eine solche Möglichkeit spricht die radiometrische Bestimmung des geologischen Alters der Erzmineralisation anhand des Brannerits von Kipushi und anhand des Uraninits von Shinkolobwe; diese Bestimmung lieferte Werte von 500—620 Millionen Jahren, d. h., sie entsprechen dem Beginn des unteren Paläozoikums.

Alle Bearbeiter der Lagerstätten des Kupfergürtels Südafrikas sind der Ansicht, daß die Erzsubstanz der schichtigen Lager einer späteren metamorphen Neuverteilung ausgesetzt war. Die obenangeführten Daten schließen auch eine hydrothermale Einwirkung nicht aus, wie A. G. DARNLEY (1960) und W. GARLICK (1964) betonen.

Mansfeld

Die Mulden des Kupferschiefers von Mansfeld und benachbarten Gebieten in der Deutschen Demokratischen Republik nehmen eine Fläche von Hunderten von Quadratkilometern ein. Sie bestehen aus Sedimenten des Mittleren und Oberen Perms. An der Basis befinden sich schräggeschichtete Sandsteine des Rotliegenden, darüber liegen Konglomerate des Unteren Zechsteins mit einer Mächtigkeit von 1—2 Dutzend m, auf letzteren das 20—40 cm mächtige Kupfererzflöz, überdeckt von Kalken gleichen Alters. Das Profil wird mit den Anhydriten des Mittleren Zechsteins abgeschlossen.

Das Erzfeld besteht aus hochbituminösen feingeschichteten Mergeln. Darin sind die Erzmineralien in Form von Konkretionen, als feindisperse Einsprengung oder als feinste Lagen verteilt. Die Haupterzmineralien sind Bornit, Sphalerit und Chalkosin, zweitrangig sind Pyrit, Galenit, Fahlerz und gediegenes Silber. Dieses Flöz enthält alle Merkmale einer sedimentären Bildung, syngenetisch zu den umgebenden Ablagerungen des Mittleren Perms. Diese Merkmale sind allgemein bekannt, und man braucht sie nicht zu wiederholen. Aber ebensogut ist bekannt, daß durch das Flöz auf Verwerfungsstörungen Barytgänge hindurchsetzen, die sowohl die unterlagernden als auch die überdeckenden Gesteine durchörtern. In Bereichen, in denen das Kupferschieferflöz von diesen Gängen durchsetzt wird, sind diese mit Kobalt-, weniger mit Nickelarseniden angereichert, ferner mit Chalkopyrit, Bornit, Wismut und Uranpechblende; diese Anreicherungen breiten sich 15—20 m über die Durchkreuzungsstellen aus. Sie werden als jüngere hydrothermale Bildungen betrachtet.

Die Gesamt„komposition" von Mansfeld wird daher von der Kombination des syngenetischen sedimentären Kupferschieferflözes mit den dieses durchsetzenden epigenetischen Gängen hydrothermaler Entstehung bestimmt. Die zeitliche Ruptur zwischen der Bildung des Kupferschiefers und der ihn durchsetzenden Gänge ist unklar. Wenn man aber das genau datierte mittelpermische Alter des Erzflözes und die Ansicht H. SCHNEIDERHÖHNS (1958) in Betracht zieht, daß „alle Gänge jünger als die variscische Orogenese sind", dann kann diese Ruptur Dutzende von Millionen Jahren erreichen.

Erztrümmer in Gesteinen des Hangenden

Wenn die Behauptung richtig ist, daß der alte (frühe) Teil der Erzsubstanz der stratiformen Lagerstätten den ihn umgebenden schichtigen Gesteinen synchron und syngenetisch sein kann, dann müssen im Fall der Zerstörung der letzteren während der Akkumulation der Gesteine des Hangenden in den Zerstörungsprodukten nicht nur Trümmer der Nebengesteine festgestellt werden können, sondern auch die desintegrierte Substanz des Erzes. Die Bildung der Blei–Zink-Lagerstätten in karbonatischen Gesteinen, der Kupfersandsteine und -schiefer erfolgte gewöhnlich bei ruhigen Verhältnissen mit fließender Überdeckung der erzführenden Horizonte durch die Gesteine des Hangenden. Verf. sind keine Fälle bekannt, daß Erztrümmer in den Hangendgesteinen dieser Lagerstätten gefunden worden sind. Anders verhält es sich bei den Kieslagerstätten, die in einer dynamischen Situation vulkanischer Erschütterungen und Explosionen entstanden, die bisweilen die Erze erfaßten und ihre zerstückelten Produkte in die Pyroklasten des Hangenden schleuderten. Solche Erztrümmer, die davon zeugen, daß die Erzkörper vor der Ablagerung der Gesteine ihres Hangenden entstanden, sind für eine Reihe von Kieslagerstätten symptomatisch. Der Form nach sind sie unregelmäßig, eckig oder gerundet. Ihre Größe entspricht der Größe der Trümmer der Gesteine, die sie enthalten, sie bewegt sich von mehreren Millimetern bis zu mehreren Dezimetern im Durchschnitt. Die mineralische und chemische Zusammensetzung der Trümmer entspricht völlig der Zusammensetzung der darunterliegenden Erzkörper, wenn diese nicht später verändert wurden. Derartige Trümmer unterscheiden sich deutlich von den metasomatischen sulfidischen Akkumulationen in vulkanischen Brekzien und den sogenannten Koagulaten („Klumpen") kolloider Substanz, die von einigen Geologen in Gesteinen des Hangenden von Kieslagerstätten festgestellt wurden. Die Merkmale für ihre Erkennung sind in einer Reihe von Arbeiten beschrieben (SMIRNOW 1968).

Gesteinsgänge und Erzkörper

Die stratiformen Lagerstätten der Blei-Zink-Erze in karbonatischen Gesteinen sowie der Kupfererze in Sandsteinen und Schiefern werden in der Regel nicht von Eruptivgesteinsgängen begleitet. Die stratiformen Lagerstätten der Kieserze weisen eine Fülle von magmatischen Gesteinsgängen auf. Unter ihnen sind Diabasgänge verbreitet, in geringerem Grade Gänge von Gabbroporphyriten, Albitophyren und Plagiograniten. Es existiert eine umfangreiche Literatur, die nachweist, daß alle Gesteinsgänge nach der Vererzung entstanden sind. Als Beweis dafür werden folgende Beobachtungen angeführt: 1. Die aus den Erzkörpern heraustretenden Gesteinsgänge durchörtern die Gesteine des Hangenden, in die hinein sich die Vererzung nicht ausgebreitet hat. 2. Die Gesteinsgänge durchsetzen die Verwerfungen, welche die Erzkörper verwerfen. 3. Die Gesteinsgänge zementieren die Erztrümmer. 4. Feinste Apophysen der Gesteinsgänge schneiden das Erz auf Schieferungsklüften ab. Die Korngrenzen der Erzmineralien werden von den Salbändern der Gesteinsgänge abgeschnitten. 6. Die Gesteinsgänge durchsetzen die Bändertextur des Erzes. 7. An den Kontakten mit den Gesteinsgängen entstehen in den Kiesen Pyrrhotin, Haematit, Magnetit und Anthophyllit. Bornit wird durch Chalkopyrit, letzterer durch plattiges Karbonat verdrängt. Es erfolgt eine teilweise Umlösung und Umkristallisation von Pyrit, Quarz und anderen Mineralien.

Gleichzeitig wurden auch Vorstellungen von einer Intraerzentstehung der Diabas- und Porphyritgänge in einigen Kieslagerstätten des Urals veröffentlicht. Hierbei wird angenommen, daß solche Gesteinsgänge nach dem Absatz der Hauptmenge des Schwefelkieses, aber vor der Abscheidung des Hauptteils der Buntmetallsulfide intrudierten (BORODAJEWSKAJA 1964). Daher konnte ein gewisser Teil der magmatischen Gesteinsgänge tatsächlich nach dem Absatz des Frühanteils der Erzsubstanz, aber vor der vollständigen Formierung der stratiformen Lagerstätten intrudieren.

Geochemische Höfe

Bis jetzt wurden die Höfe der veränderten Gesteine und der um die Erzkörper dispergierten chemischen Elemente sozusagen statisch nach ihrem endgültigen Bild untersucht und eingeschätzt, ohne Berücksichtigung der Bildungsdauer der Erzkörper und der Evolution des Erzbildungsmechanismus. Hierbei wurden sehr interessante Daten erhalten, die z. B. im Aufsatz von L. N. OWTSCHINNIKOW & E. N. BARABANOW (1970) über die geochemischen Höfe der Kieslagerstätten dargelegt sind. Festgestellt wurde die Gemeinsamkeit der chemischen Zusammensetzung solcher Höfe, die Bedeutung der in ihnen erfolgten Metallakkumulationen, die mengenmäßig denen der von ihnen umsäumten Erzkörper nicht nachstehen. Ferner wurden die große Entfaltung der geochemischen Höfe im Vergleich zu den Umrissen der veränderten Gesteine und die gesetzmäßige zonale Verteilung der Metalle in den Höfen nachgewiesen. Es wurden jedoch keine ernsthaften Versuche unternommen, die Herausbildung (Formierung) der Höfe veränderter Gesteine und der geochemischen Höfe unter Berücksichtigung der langen Bildungsdauer der stratiformen Lagerstätten und unter Berücksichtigung der Evolution dieses Prozesses in der Zeit zu analysieren. Ohne Beachtung dieser Punkte werden die Ergebnisse solcher Untersuchungen jedoch stark entwertet. Eine Berücksichtigung dieser Sachlage könnte wahrscheinlich die folgenden Verhältnisse aufdecken.

In der Frühetappe, bei der sedimentogenen Akkumulation der erzbildenden Substanz durch ihre Abtragung vom Kontinent müssen schichtige Lager in unveränderten Gesteinen entstehen. Aber hierbei konnten Höfe der geochemischen Dispersion sowohl in den unterlagernden als auch in den überdeckenden Gesteinen bei schwacher Abscheidung der erzbildenden Elemente in der Periode, die der Bildung der Erzflöze voranging, und bei Abklingen dieses Prozesses nach der Bildung der Erzlager entstehen. Höfe dieser Art sind für Lagerstätten der Kupfersandsteine und -schiefer charakteristisch. Wahrscheinlich treten sie auch in den anderen stratiformen Lagerstätten auf, welche die Frühetappe der sedimentogenen Erzbildung durchlaufen haben.

Beim hydrothermalen Zutritt von Substanz werden die sedimentogenen Lager der stratiformen Lagerstätten nur im Liegenden von einem Hof veränderter Gesteine und geochemischer Dispersion begleitet, was z. B. für die Kieslagerstätten Chudes im Kaukasus, Osernoje in Burjatien u. a. nachgewiesen ist. Im Hangenden dieser Erzlager können Höfe geochemischer Dispersion sedimentogener Entstehung liegen. Ein Beispiel dafür ist möglicherweise die Lagerstätte Filistschaj im Kaukasus.

Der weitere Übergang zur hydrothermalen Erzbildung erzeugt allseitige Höfe veränderter Gesteine und geochemischer Dispersion. Jedoch zu dieser Zeit können sie sich schon nicht mehr allein nach der Bildungsart entwickeln, sondern auch nach der mineralogisch-geochemischen Zusammensetzung. Ebenso wie man viele stratiforme Lagerstätten nur unter Berücksichtigung der langen Zeitdauer der Erzbildung verstehen kann, können auch die sie begleitenden Höfe nur sachgemäß interpretiert werden, wenn man die Evolution ihrer Formierung in der Zeit in Betracht zieht.

Faltung, Metamorphose und Erzbildung

Die Klärung der Beziehungen zwischen Faltung, Metamorphose und Erzbildung ist eines der Hauptprobleme der Genese der stratiformen Lagerstätten, besonders derer, die in alten — proterozoischen und paläozoischen — Gesteinen liegen, die hinreichend erheblich disloziiert und verändert sind. Die Position der einen Geologen, welche die Merkmale einer vor der Faltung und vor der Metamorphose erfolgten Bildung der Erzkörper wahrnehmen, zählt zu den Syngenetikern und Sedimentaristen. Die Meinung der Geologen, welche die Beachtung auf die Züge der nach der Faltung, bisweilen auch nach der Metamorphose erfolgten Bildung der Lagerstätten lenken, entspricht den Ansichten der Epigenetiker und Hydrothermalisten. Wenn man indessen unter Berücksichtigung der zeitlichen Evolution der stratiformen Erzbildung an dieses Problem herantritt, werden viele Widersprüche entfallen. Natürlich erfolgt die Erzbildung in der Frühetappe vor der Faltung und vor der Regionalmetamorphose, was für die Produkte der Frühperiode der Erzbildung in Atassu und an anderen Stellen gut dokumentiert worden ist. Die Erzbildung der Spätetappen kann sich bereits nach einer gewissen Gesamtheit der tektonischen Verformungen, in einzelnen Fällen sogar auch nach einem bestimmten Metamorphosegrad entwickeln. Ein Beispiel dafür ist die Lagerstätte Dshussa im Ural, die in zwei Etappen entstand. In der devonischen, vor Faltung und Metamorphose liegenden Frühetappe entstanden pyritische Kupferkieserze, begleitet von Verquarzung und Serizitisierung der Nebengesteine. In der karbonischen, nach Faltung und Metamorphose liegenden Spätetappe wurden diese Bildungen von einer Blei-Zink-Mineralisation überprägt, begleitet von einer Quarz-Serizit-Karbonat-Chlorit-Veränderung der Nebengesteine. So entstanden letztlich die polymetallischen Kieslagerstätten, die von einem komplizierten Hof veränderter Gesteine begleitet werden (JEREMIN 1963).

Die Beziehung zwischen früher und später Erzbildung

In dem lang andauernden Bildungsprozeß vieler stratiformer Lagerstätten kann die Erzbildung der Frühetappe an sich bisweilen viel Zeit in Anspruch nehmen. Die Erzakkumulation der Spätetappe kann ebenfalls lange andauern und sich in mehreren Etappen entwickeln. Von der langen Dauer der Erzbildung der Frühetappe zeugt z. B. das vielstockwerkige Profil aus 12schichtigen Lagern der Lagerstätte Osernoje in Burjatien, die im Verlauf der Akkumulation der anderthalb Kilometer mächtigen Folge unterkambrischer Tuffe und Schiefer permanent entstanden. Die Fälle einer stadienhaften Erzakkumulation in den Spätetappen sind noch zahlreicher.

Es muß gesagt werden, daß man die Erzkörper der Früh- und der Spätetappe nicht allein nach den Merkmalen ihres konkordanten oder diskordanten Verhältnisses zu den geschichteten Nebengesteinen unterscheiden kann. In der Frühetappe können bei Zutritt erzbildender Substanz aus hydrothermalen Lösungen neben konkordanten schichtigen Lagern auch diskordante (durchsetzende) Körper entstehen, die im Liegenden auftreten, wie das häufig bei Kieslagerstätten festzustellen ist. Andererseits können in den Spätetappen neben durchsetzenden Körpern auch pseudokonkordante schichtige metasomatische Lager gebildet werden, die z. B. in Atassu bekannt sind.

Die Vereinigung der Produkte der Früh- und der Spätetappe der Erzbildung konnte nach verschiedenen Schemata vor sich gehen.

Erstens, wenn jüngere Lösungen chemisch aktiver Elemente, die aber keine neuen erzbildenden Elemente führten, auf früher abgesetzte Erze einwirkten, konnte nur eine Umgruppierung der Erzsubstanz mit ihrer Umlagerung in einem bestimmten Maßstab erfolgen. Als Beispiel dafür können die angereicherten Partien und die durchsetzenden Gänge auf den Lagerstätten der Kupfersandsteine und -schiefer dienen. Ein solcher Prozeß führt in der Regel nicht zur Entstehung wesentlicher Neubildungen.

Zweitens, wenn chemisch aktive Lösungen, die keinen Schwefel, aber Buntmetalle enthalten, von den ursprünglichen Erzen „gefiltert" werden, kann eine Anreicherung dieser Erze mit Kupfer, Zink, Blei und anderen Elementen infolge Verdrängung des Eisens aus einem Teil seiner Sulfide, reichlicher Produkte der Frühetappe, vonstatten gehen. Auf solche Weise entstanden einige polymetallische Kieslagerstätten (LOVERING 1961).

Drittens, der ursprüngliche Absatz syngenetischer schichtiger Erze aus hydrothermalen Zutritten vom Liegenden her kann sich nach ihrer Überdeckung mit Sedimenten des Hangenden fortsetzen, jetzt aber bereits in Gestalt epigenetischer Lager, wie das in Atassu geschah.

Viertens, die ursprünglich abgeschiedenen Erze können in die Wirkungssphäre eines späteren Magmatismus geraten, z. B. von granitischen Intrusionen, und in konzentrierter Form bei postmagmatischen Prozessen umgelagert werden, wie das auf Sardinien erfolgte. M. WIOLA behandelte die Vorgänge der Blei- und Zinkremobilisierung.

Die quantitativen Verhältnisse zwischen den Erzen der Früh- und der Spätetappe können die unterschiedlichsten sein. Auf manchen Lagerstätten der Kupfersandsteine und -schiefer dominieren die primären syngenetischen Erze stark, während auf manchen Kieslagerstätten, z. B. in Atassu oder in Leninogorsk, die epigenetischen Erze der späten hydrothermalen Etappe überwiegen.

Die „Versorgung" mit erzbildender Substanz

In der Frühetappe konnte die erzbildende Substanz für die syngenetischen schichtigen Lager infolge Abtragung vom Kontinent oder aus aufsteigenden, in den bodennahen Teil eintretenden vulkanogenen hydrothermalen Lösungen in das Sediment gelangen. Wie die meisten Bearbeiter annehmen, können die Flözlagerstätten der Kupfersandsteine und -schiefer ein Beispiel für den ersten Weg sein, während analoge Lager der Kieserze ein Muster des zweiten Weges bilden. Sowohl im zweiten als auch besonders im ersten Fall ist eine breite Streuung der Isotope des sulfidischen Schwefels zu verzeichnen, die davon zeugt, daß an seiner Generierung biogene Erscheinungen beteiligt waren, die zu einer breiten Fraktionierung dieses Elements beitrugen.

In der Spätetappe wurde die Versorgung mit Metallen durch in der Tiefe zirkulierende heiße mineralisierte wäßrige Lösungen realisiert. Hierbei konnten die Metalle autochthon sein (entlehnt aus früher abgelagerter Substanz) oder allochthon (aus entfernten äußeren Quellen hinzugetreten). Wenn eine solche Quelle mit einem magmatischen Tiefenherd im Zusammenhang stand, stabilisierte sich das Verhältnis der Isotopen des sulfidischen Schwefels um den meteoritischen Standard.

Für die stratiformen Lagerstätten ist eine erstaunliche geochemische Stabilität der Erzbildung in der Zeit zu verzeichnen. Im gesamten Zeitraum der Bildung der Erze dieser Lagerstätten, so groß er auch sein mag, ist eine Wiederholbarkeit ein und derselben Metalle zu beobachten — des Kupfers, Bleis und Zinks, die in Form von Sulfiden akkumuliert werden, sowie des Eisens, das in Form oxidischer, karbonatischer und sulfidischer Verbindungen ausfällt. Hin und wieder treten, hauptsächlich in Form von Beimengungen, zu ihnen andere Elemente hinzu, wie Gold, Silber, Uran u. a. Das Verhältnis der profilbestimmenden Elemente und die Veränderung dieses Verhältnisses in der Zeit sind für die verschiedenen Lagerstätten unterschiedlich, aber ihre gesamte Palette bleibt beständig. Die stratiforme Erzbildung wird in der Regel nicht durch das Auftreten fremder Metalle gestört.

Einige allgemeine Betrachtungen

Die lange Zeitdauer und die geochemische Stabilität der Erzbildung sind nicht nur für die stratiformen Lagerstätten kennzeichnend, in denen diese Faktoren noch durch eine radikale Evolution der Art des Erzabsatzes betont werden. Bei sorgfältiger Untersuchung können sie auch für die Gebiete ermittelt werden, in denen andere Typen von Erzlagerstätten ausgebildet sind. Insbesondere wurden sie bereits für Verbreitungsgebiete von Uranlagerstätten festgestellt — in den meisten von ihnen sind sowohl sedimentäre oder sedimentär-infiltrative als auch hydrothermale Bildungen bekannt (SMIRNOW 1963). Hierbei wird das Uran in den Sedimenten als Quelle für seine Umlagerung in den hydrothermalen Lagern betrachtet, und die hydrothermalen Körper werden als primäre Bildungen bewertet, bei deren Zerstörung sedimentäre Lagerstätten von Uranerzen entstehen. Es entsteht eine ähnliche Situation wie bei der Frage, was früher da war: das Ei oder das Huhn.

Zum Hauptobjekt dieses Beitrages — den stratiformen Lagerstätten — zurückkehrend, bestehen die wichtigsten Mißverständnisse, die mit der Behandlung ihrer Genese zusammenhängen, darin, daß die Geologen, die in diesen Lagerstätten Züge einer syngenetischen Erzbildung sehen, sie zu den sedimentären rechnen, während die Geologen, die es mit den epigenetischen Merkmalen zu tun haben, sie zu den hydrothermalen zählen. Währenddessen sind es gewöhnlich polychrone und polygene Bildungen, die man nur verstehen kann, wenn man die lange Dauer ihrer Entwicklung und der Evolution des Erzbildungsprozesses von der syngenetischen Ablagerung der Substanz während der Formierung der erzumgebenden Folgen bis zur nachfolgenden epigenetischen Akkumulation der Erzmasse berücksichtigt. Diese Akkumulation wird nach der Entstehung und sogar „Entartung" dieser Folgen realisiert.

Das geologische Alter dieser Lagerstätten darf man nicht nur nach der Abscheidungszeit der erzbildenden Endprodukte beurteilen, ebenso wie man ihre Entstehung nicht nur auf der Basis der Beobachtung der geologischen Position der Erzmassen, die den Prozeß der Erzbildung eröffnen oder beschließen, beurteilen darf.

Folgerungen

1. Es ist üblich, Lagerstätten, die nach Bildungsbedingungen und Lage der Schichtung vulkanogen-sedimentärer und sedimentärer schichtiger Folgen untergeordnet sind, als stratiforme Erzlagerstätten zu bezeichnen.

2. Für die Erzbezirke, -felder und bisweilen auch Erzkörper der stratiformen Lagerstätten ist eine langandauernde Entwicklung kennzeichnend, die häufig ganze Perioden umfaßt und Dutzende und sogar Hunderte von Millionen Jahren erreicht.

3. Die Erzbildung beginnt in der Regel mit der Formierung von den Nebengesteinen syngenetischer und synchroner vulkanogen-sedimentärer, hydrothermal-sedimentärer und sedimentärer Erze, die konkordante Lager bilden.

4. Später, nach der Überdeckung dieser Lager mit Gesteinen des Hangenden, wird sie von einer Erzbildung abgelöst, die mit der Tätigkeit unterirdischer heißer mineralisierter Wässer zusammenhängt, die fähig sind, epigenetische durchsetzende Erzkörper zu schaffen.

5. Das geologische Alter dieser Lagerstätten kann man nicht allein anhand der Ausscheidungszeit der erzbildenden Endprodukte beurteilen, und ihre Entstehung kann man ebenfalls nicht nur auf der Grundlage der Beobachtungen der geologischen Position der Erzmassen, welche den Prozeß der Erzbildung eröffnen oder abschließen, beurteilen. Es sind gewöhnlich polychrone und polygene Bildungen, die man nur verstehen kann, wenn man die lange Dauer ihrer Entwicklung und der Evolution des Erzbildungsprozesses von der syngenetischen Ablagerung der Substanz während der Formierung der erzumgebenden Folgen bis zur nachfolgenden epigenetischen Akkumulation der Erzmasse berücksichtigt. Diese Akkumulation wird nach der Entstehung und sogar nach der teilweisen Entartung dieser Folgen realisiert.

Literatur

BAIN, G. W.: Syngenesis and epigenesis of ores in layered rocks. – Report of 23rd Sess. Intern. Geol. Congr., Proc. of Sect. Nr. 7, Prague 1968.
BORODAJEWSKAJA, M. B.: Die Wechselbeziehung zwischen Kiesvererzung und Magmatismus und einige Fragen der Genese der Kieserze am Beispiel des Südurals. – Intern. Geol.-Kongr., XXII. Sess., Vortr. sowj. Geol., Verl. Nedra, Moskau 1964.
CANNON, R. S.: Lead isotope variation with crystal zoning in a galena crystal. – Science, 42, Nr. 3592 (1963).
DARNLEY, A. G.: Petrology of some Rhodesian copper belt ore bodies and associated rocks. – Trans. Inst. Min. Metall., London, 69 (1960).
DERBIKOW, I. W.: Zum Problem der Genese der sulfidischen Erze des Gebiets von Smeinogorsk im Rudny Altai. – Geol. rudn. mestoroshd., Nr. 6 (1966).
GARLICK, W. G.: Criteria for recognation of syngenetic sedimentary mineral deposits and veins formed by their remobilization. – Zambia 1964.
JEREMIN, N. I.: Die Rolle der Schieferungs- und Klüftungszonen bei der Lokalisierung der polymetallischen Kiesvererzung auf der Lagerstätte Dshussa (Südural). – Westn. MGU, Nr. 6 (1963).
LAFFITTE, P.: La métallogénie de la France. – Bull. Soc. Géol. France, VIII (1964).
LOVERING, T. S.: Sulfidische Erze, entstanden aus Lösungen, die mit Schwefel untersättigt waren. Physikochemische Probleme der Bildung von Gesteinen und Erzen, Bd. 1. – Verl. Akad. Wiss. UdSSR (1961).
MENDELSON, F. (editor): The geology of the Northern Rhodesian copper belt. – London 1961.
OWTSCHINNIKOW, L. N., & E. N. BARABANOW: Die endogenen geochemischen Höfe der Kieslagerstätten. – Geol. rudn. mestoroshd., Nr. 2 (1970).
POKROWSKAJA, I. W., & O. A. KOWRIGO: Über die vulkanogen-sedimentäre Entstehung der schichtigen polymetallischen Erze der Lagerstätte Ridder–Sokolnoje. – Geol. rudn. mestoroshd., Nr. 3 (1970).
SCHNEIDERHÖHN, H.: Erzlagerstätten. – Verl. f. ausländ. Lit., Moskau 1958.
SCHTSCHERBA, G. N.: Die Geologie des Leninogorsker Erzfeldes. In: Die polymetallischen Lagerstätten des Rudny Altai. – Gosgeoltechisdat, Moskau 1957.
– Einige Besonderheiten des Studiums der Lagerstätten vom Typ Atassu. – Nachr. Akad. Wiss. Kasach. SSR, geol. R., Nr. 5 (1967).
– Probleme der Genese der polymetallischen Kieslagerstätten des Rudny Altai. – Sowj. Geol., Nr. 6 (1968).
SMIRNOW, W. I.: Die Metallogenie des Urans. In: Fragen der angewandten Radiogeologie. – Gosatomisdat, Moskau 1963.
– Die Kieslagerstätten. In: Die Genese der endogenen Erzlagerstätten. – Verl. Nedra, Moskau 1968.
– Über die Substanzquellen der endogenen Lagerstätten mineralischer Rohstoffe. – Isw. AN SSSR, Ser. geol., Nr. 3 (1969).
WEJZ, B. I.: Mineralogie der polymetallischen Lagerstätten des Rudny Altai, Bd. 3. – Verl. Akad. Wiss. Kasach. SSR, Alma-Ata 1959.
ZUFFARDI, P.: The genesis of stratiform deposits of lead-zinc and of barite in Sardinia. – Symposium, New York 1966.
Symposium. Problem of the genesis of stratiform deposits of lead-zinc, barite-fluorite. – New York 1966.

Der Einfluß von Karbonatgesteinen auf die Herausbildung der stofflichen Zusammensetzung von Geosynklinalbauxiten

W. N. GRIGORJEW, UdSSR

1. Einleitung

Fußend auf der bekannten primären mineralogischen Zonalität in den Lagern von Geosynklinalbauxiten und ausgehend von der Verallgemeinerung experimenteller Arbeiten über die Ausfällung und Auskristallisation des Aluminiums aus Lösungen mit unterschiedlichem pH-Wert wird die Möglichkeit des Einflusses des karbonatischen Nebengesteins auf die Herausbildung der stofflichen Zusammensetzung von Bauxiten betrachtet.

2. Allgemeine Charakteristik der Geosynklinalbauxite

Ein charakteristisches Merkmal der Geosynklinalbauxite ist ihre Lagerung auf Karbonatgesteinen, die Spuren einer aktiven, mit der Bauxitbildung parallellaufenden Auflösung der letzteren tragen (Form der Aufragungen und Taschen im Mikrorelief des Liegenden, die Lage von Karbonatgesteinsresten in den unter dem Erz liegenden Brekzien). Wichtig dabei ist, den Einfluß karbonatischer Lösungen auf die Bildung des Erzes zu klären. Je nach der von ihnen vertretenen genetischen Konzeption erklärten die Wissenschaftler eine solche Verknüpfung sehr unterschiedlich, richteten aber die Aufmerksamkeit dabei besonders auf die Möglichkeit verschiedener Formen des Einflusses der Karbonatgesteine auf die Erzbildung. Die Vertreter der chemogenen Bildung von Geosynklinalbauxiten betrachten die Karbonatgesteine vor allem als Neutralisatoren der sauren erzführenden Lösungen, als Fällungsmedium der Tonerde und der Eisenhydroxide. Für die Anhänger der „Terra-rossa“-Hypothese sind die die Bauxite unterlagernden Karbonatgesteine vor allem Quelle sowohl der fertigen Tonerdesubstanz als auch des primären Alumosilikatmaterials. Viele Wissenschaftler sehen in der Karbonatsubstanz dasjenige Mittel, das für die Entstehung von Kesseln und anderen Vertiefungen, die als Fallen wirkten und entweder primär durch Riffe angelegt oder durch die Verkarstung hervorgerufen wurden, am ehesten in Frage kommt. In einigen Veröffentlichungen wird das so akzentuiert, daß die liegenden Karbonate als Gesteine, die kein SiO_2 enthalten, dem an ihrer Oberfläche lagernden lateritischen Material nichts entziehen. Die Vertreter des Lateritisierungsprozesses der Bauxitbildung unterstreichen, daß das alkalische Karbonatmedium die Trennung von Tonerde und Kieselsäure begünstigt. In der Arbeit von GORBATSCHEW (1966) wird die Aufmerksamkeit darauf gerichtet, daß Karbonatgesteine durch ihren geringen SiO_2-Gehalt als umgebendes Medium zur Verhinderung einer Resilifizierung der Bauxitlager am günstigsten sind.

Obwohl zwischen dem Plattform- und dem Geosynklinaltyp von Bauxitlagern viele gemeinsame Züge des Charakters der Erze und manchmal auch im Charakter der Nebengesteine bestehen, stellte sich im Verlauf ihrer Erforschung gut begründet heraus, daß doch beide Typen einander gegenübergestellt werden müssen. Der hohe Eisengehalt, die Unterschiede im Gehalt seltener Elemente, das Vorherrschen der Tonerdemonohydrate über die Tonerdetrihydrate und andere Besonderheiten weisen darauf hin, daß die geosynklinalen Karstbauxite ein besonderer Typ sind.

Der Fe_2O_3-Gehalt in den geosynklinalen Karstbauxiten schwankt im Mittel um 20% und ist häufig noch höher. Das weist vor allem darauf hin, daß die Verwitterung der Alumosilikate unter Oxydationsbedingungen vor sich ging. Die von BUSCHINSKIJ (1968) analysierten, häufig auf Plattformen anzutreffenden sauren Reduktionsbedingungen bei der Verwitterung in Mooren, die zu einer teilweisen Mobilisierung und Wegführung des Eisens führte, und die Bildung pri-

Aus: „Geologija rudnych mestoroshdenij“, H. 5, S. 80–87 (1970).
Übers.: ANNEMARIE KRÜGER, ZGI, Berlin.

märer weißer Bauxite in geosynklinalen Karstgebieten werden verhältnismäßig selten angetroffen (einzelne Kreidelagerstätten in der SFR Jugoslawien und in Frankreich). Wahrscheinlich kann das damit erklärt werden, daß für Geosynklinalgebiete zur Zeit der Bauxitbildung eine starke Gliederung des Reliefs vorhanden war und daß die Lager an Depressionen gebunden waren, die über dem Meeresspiegel lagen. Ähnliches kann rezent auf den Inseln des Karibischen Meeres beobachtet werden.

Tabelle: Mittlere Gehalte ($n \cdot 10^{-4}$ %) von Begleitelementen der Karst- und Lateritbauxite (SCHROLL & SAUER 1964)

Element	Laterit-bauxite (21 Proben)	Karst-bauxite (119 Proben)	Relative Anreicherung (Verarmung) der Karst-bauxite
B	13,0	76,0	5,85
Be	0,9	10,0	11,1
Co	10,0	44,0	4,40
Cr	343,0	687,0	2,00
Cu	109,0	53,0	0,49
Mo	21	17,0	0,81
Nb	605	92,0	0,15
Ni	21	316,0	15,1
Sr	133	198,0	1,49
V	29	222,0	7,65
Y	37	126,0	3,41
Zr	1296,0	574,0	0,44

Unter solchen Bedingungen war das Karbonatsubstrat dank seiner Wasserdurchlässigkeit für die Bildung von Sümpfen sehr ungeeignet und sorgte für eine gute Drainage der darüberliegenden Sedimente. Die Auflösung des Karbonatsubstrats ergab ein schwach alkalisches Medium, das an Ca^{2+}- und Mg^{2+}-Kationen reich war. In diesem Medium erfolgte die Zersetzung der Alumosilikate. Bekanntlich sind unter solchen Bedingungen die Eisenoxide und die Tonerde schwer löslich. Bei der Zerstörung der Alumosilikatminerale und der Wegführung der Kieselsäure hydrolysieren Eisen- und Aluminiumoxide und koagulieren an Ort und Stelle. Dieser spezifische Zug in der Verwitterung auf karbonatischem Substrat bedingt auch den hohen Eisengehalt geosynklinaler Karstbauxite. Außerdem führt er wahrscheinlich zu anderen geochemischen Besonderheiten. Diese Besonderheit stellen SCHROLL & SAUER als grundlegend für ihre Erklärung der Unterschiede im Gehalt der Begleitelemente zwischen Lateritbauxiten und Karstbauxiten des Mittelmeergebietes heraus (SCHROLL & SAUER 1964, 1968). Ihren Angaben zufolge unterscheiden sich die Karstbauxite sehr stark von den lateritischen in bezug auf erhöhte Gehalte an B, Be, Co, Ni, V, Y und erniedrigte Niobgehalte (s. Tab.). Die von ihnen erhaltenen Resultate können jedoch nur als vorläufige Angaben gewertet werden, die an einer größeren Probenanzahl überprüft werden müssen.

3. Zur Minerogenie der Bauxitminerale

Die Verbreitung von Gibbsit (= Hydrargillit), Boehmit und Diaspor in Geosynklinalbauxiten unterschiedlichen Alters ergibt keine Übereinstimmung hinsichtlich der Frage, ob der Hauptanteil an Monohydratmineralen, in erster Linie von Boehmit, auf Kosten der Dehydratisierung der Trihydratformen entstanden ist. Das ist der Standpunkt vieler Wissenschaftler (ARCHANGELSKIJ 1937, GOREZKIJ 1960, TERENTEEWA 1958 u. a.). Interessant sind experimentelle Angaben, die im letzten Jahrzehnt die Untersuchung solcher Übergänge ergab. So konnte SAALFELD (1958) feststellen, daß neugebildeter Boehmit im Verhältnis zu Gibbsitkristallen eine bestimmte Orientierung aufweist, was mit gleichen Abständen erklärt wird, infolge deren die Kanten *a* der Elementarzellen beider Minerale übereinstimmen. Es ist möglich, daß diese Tatsache z. T. die relativ leichte Verdrängbarkeit des Gibbsits bei der Dehydratisierung durch metastabilen Boehmit, nicht aber durch den stabilen Diaspor erklärt. Die Experimente von FREUND (1967) zeigten, daß der Übergang in Boehmit über das röntgenamorphe ρAl_2O_3 vor sich geht. Diese Substanz besitzt eine anomal niedrige Dichte (2,3 bis 2,6 g/cm³), in deren Struktur ungefähr 20 Vol.-% auf Gitterleerstellen entfallen. In dieser Arbeit wurde von dem erwähnten Wissenschaftler dargelegt, daß sich im ρAl_2O_3 Aluminium vorwiegend in Viererkoordination befindet. Hiervon ausgehend kann man annehmen, daß das Boehmitgitter bei der Dehydratisierung des Gibbsits aus Aluminium in Viererkoordination aufgebaut wird.

Es ist jedoch bekannt, daß sich gewisse Mengen von Boehmit in den jüngsten Erzen (Miozän bis rezent) auf den Inseln des Karibischen Meeres gebildet haben (SANS 1964, HILL 1955). Das quantitative Verhältnis zwischen Gibbsit und Boehmit in den Bauxiten von Jamaika und Haiti schwankt stark und hängt annähernd von der Höhenlage der Probenahmeorte ab. Der Gibbsitgehalt in Jamaika-Erzen reicht bis 80%. Der Boehmitgehalt erhöht sich in den am niedrigsten gelegenen Lagerstätten, wo er 20% erreicht. Durchgeführte Spezialuntersuchungen auf der Insel Haiti (Plateau Rochelle) zeigten, daß in den niedrigsten Lagen der Prozentsatz von Gibbsit 25% und der von Boehmit 35% ausmachte, in den höhergelegenen Gebieten veränderte er sich entsprechend auf 50% und 13%. Das Verhältnis zwischen diesen beiden Mineralen änderte sich ungefähr um das Sechsfache.

Ein analoges Bild der Verteilung der Tonerdeminerale zeigt sich in den wenig gestörten voreozänen Lagerstätten der Ungarischen VR. Jedoch variiert in ihnen das Verhältnis zwischen Gibbsit und Boehmit bedeutend stärker. Anscheinend tritt in diesen Lagerstätten teilweise auch sekundärer Boehmit auf. In vielen Lagerstätten (Szolc, Nyirad, Iszkaszentgyörgy, Oborok-Ujborok, Nagyegyhàza) beobachtet man eine Verringerung des Gibbsits und eine relative Erhöhung des Boehmitgehaltes beim Übergang vom oberen Teil des Lagers nach dem Liegenden zu (BARDOSSY 1958). Diese Veränderungen spiegeln sich in einer Verringerung des Glühverlusts wider, beispielsweise von 20% auf 14%.

Das Auftreten eines Mittels von gibbsitisch zusammengesetzten bedeutenden Beimengungen des Boehmits (bis zu 15%) wird auch in einigen vorobereozänen, wenig gestörten Bauxiten des marinen Gürtels der SFR Jugoslawien festgestellt (SAKAČ 1960).

Das angeführte Material gestattet die Schlußfolgerung, daß sich die Menge des Boehmits in mehr stagnierenden, weniger drainierten Teilen der Lager vergrößert, und das ist nur schwer durch eine ungleichmäßige sekundäre Boehmitisierung zu erklären. Die

Ursache des primären Unterschiedes der mineralischen Zusammensetzung des Erzes in den verschiedenen Lagerstättenteilen ist wahrscheinlich der unterschiedliche Charakter der zirkulierenden Wässer, die eine Desilifizierung des primären Alumosilikatmaterials bedingen. In den oberen Teilen des Lagers war es der Einwirkung der von oben durchsickernden, in der Hauptsache atmosphärischen, fast nicht mineralisierten Wässer ausgesetzt, die infolge gelöster Kohlensäure der Luft schwach sauer sind. Entsprechend dem Untersuchungsmaterial von BAAS BECKING u. a. (1963) schwankt der pH-Wert rezenter Regenwässer in den Grenzen von 3 bis 7, doch am häufigsten beträgt er 4 bis 5. Am Kontakt zu den Karbonatgesteinen treten hydrokarbonathaltige Grundwässer infolge atmosphärischer Niederschläge auf, die wegen der Löslichkeit der Karbonate schwach alkalisch reagieren und mit Ca^{2+}-Ionen, manchmal auch mit Mg^{2+}-Ionen gesättigt sind. Derartige Wässer können sich in den unteren, beständigeren Teilen des Lagers ansammeln. Dorthin flossen sie von den benachbarten Abhängen. Auf diese Weise können die die verschiedenen Teile der Oberfläche oder der primären Alumosilikatsedimentschicht auslaugenden Wässer ihren Charakter vom sauren, CO_2-gesättigten Wassertyp zum schwach alkalischen, Hydrogenkarbonattyp verändern.

Die experimentellen Arbeiten von PEDRO & BERRIER (1966) und PEDRO & LUBIN (1968) zeigten, daß die lang andauernde Auslaugung von Alumosilikatgelen, aber auch von Alumosilikatmineralen durch Wasser in Abhängigkeit von dessen pH-Wert zu unterschiedlichen Ergebnissen führte. Im Falle von reinem Wasser mit pH 6 bis 6,5 bildete sich im Rückstandsprodukt Boehmit, bei der Verwendung von Wasser jedoch, das mit CO_2 gesättigt war und einen pH-Wert von 5 zeigte, entstand Gibbsit. Wahrscheinlich fanden analoge Mineralbildungen auch in Lagerstätten statt.

Zur Klärung der Ursachen ähnlicher Divergenzen in der Mineralbildung trugen die interessanten experimentellen Forschungen von HSU & BATES (1964) und HEM & ROBERSON (1967) bei. Man kann mit ihrer Interpretation der erhaltenen Angaben einverstanden sein, wonach bei der Neutralisierung saurer Lösungen von Aluminium eine Polymerisation der für saures Medium charakteristischen oktaedrisch koordinierten Aluminiumkationen vom Typ $[Al(OH)_2]_6^{3+}$ eintritt. Zu dieser Polymerisation kommt es im Ergebnis der Bildung des Kristallgitters aus einzelnen Oktaedern, wobei jedes von ihnen aus sechs Molekülen Wasser besteht, die das Aluminiumion umgeben (s. Abb. 1, 2, 3).[1] Wie aus dem Schema ersichtlich ist, können in diesem Kristallgitter die Wassermoleküle durch Hydroxylgruppen ersetzt werden. Besagter Prozeß führt zunächst zur Bildung von Sechserringen vom Typ $Al_6(OH)_{12}^{6+} \cdot 12\,H_2O$ und möglicherweise zur teilweisen Ausbildung von Zweier- und Dreierringen. Die peripheren Oktaederkanten, die den Ring bilden, sind von Wassermolekülen umgeben, die inneren dagegen von Hydroxylgruppen. Die Bildung höhervalenter Polymere, die sich aus einer großen Anzahl Ringe zusammensetzen, geht auf der ersten Etappe nicht vor sich, weil alle freien OH^--Ionen zur primären Polymerisation der noch freien $Al(OH_2)_6^{3+}$ benötigt werden. Das erklärt sich damit, daß letztere eine bedeutend höhere positive Ladungsdichte aufweisen $\left(\frac{3+}{Al}\right)$ als beispielsweise ein einzelner Sechserring $\left(\frac{1+}{Al}\right)$. Nur nach der primären Polymerisation des gesamten Aluminiums werden die neuen Portionen von OH^--Ionen zur weiteren Polymerisiering einzelner Ringe unter Bildung von höhervalenten Lagen aus Ringnetzen mit geringerer Ladungsdichte pro Aluminiumeinheit verwendet (s. Abbildung). Diese hochpolymerisierten Kationen erreichen die Abmessungen von Kolloidteilchen. Im Endstadium bilden sich elektrisch neutrale $Al(OH)_3$-Teilchen, welche die für Gibbsit- und Beyerit-Strukturen typischen zweidimensionalen orthogonalen Oktaedernetze aufweisen, die durch gemeinsame Gitterkanten zusammengehalten werden. Allmählich, mit zunehmender Polymerisierung und Verringerung der Ladungsdichte der Kationen, verringern sich die Abstoßungskräfte, was ihren Zusammenhalt erhöht und zur schnellen Herausbildung der Kristallformen des Aluminiumtrihydrats führt.

[1]) Das Schema des Aufbaus hochvalenter Polymere ist in der Abbildung nur als Projektion auf die Ebene der Aluminiumkationen dargestellt.

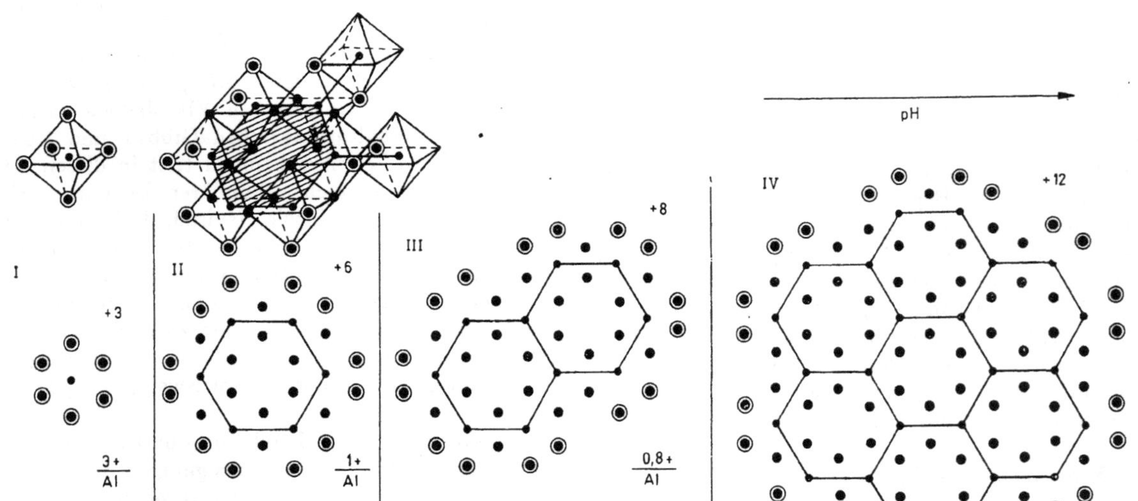

Abb. **Polymerisationsschema der Kationen des Aluminiums bei der Neutralisation saurer Lösungen** (nach Material von J. HEM, K. ROBERSON, P. HSU und T. BATES)

Die angeführten Experimente zeigen also, daß die Neutralisierung saurer Lösungen von Aluminiumsalzen zur Bildung von rudimentären Kristallstrukturen des Aluminiumtrihydrats noch in der gleichen Lösung im Ergebnis der Polymerisierung des Kations $Al(O_2)_6^{3+}$ führt. Folglich kann man annehmen, daß unter natürlichen Bedingungen, wenn die Zersetzung der Alumosilikate im sauren Medium vor sich ging, das entstehende Alumogel eine rudimentäre Struktur hatte, die durch das Schema determiniert ist.

Röntgenstruktur-, Elektronenmikroskop- und andere Untersuchungen der erhaltenen Sedimente aus den weiter oben beschriebenen Experimenten, aber auch aus den Versuchen von GEREWJOHN & CASTUCHE (1964), MC-KENZIE u. a. (1964) ergaben, daß im Ergebnis der Neutralisierung des Mediums bis zu stark alkalischer Reaktion (pH 8 bis 11) schnell Beyerit auskristallisierte. Unter sauren Bedingungen verlief der Kristallisationsprozeß langsamer; aber in den Fällen, in denen es zur Bildung einer Mineralphase kam, bestand diese aus Gibbsit. Boehmit mit genügend stabiler Struktur wurde in diesen Experimenten überhaupt nicht festgestellt, obwohl stets im frisch ausgefällten Gel unter alkalischen Bedingungen im alkalischen Medium die Anwesenheit von Verbindungen des Typs Pseudoboehmit nachgewiesen wurde. Pseudoboehmit ist sehr instabil und zerfällt gewöhnlich schnell bei der Alterung des Gels zu Beyerit. Dabei beschleunigte die Erhöhung der Alkalinität eine solche Veränderung, aber in einem Medium, das fast neutral ist, bleibt der Pseudoboehmit länger erhalten.

Insgesamt führen die Ergebnisse der Mehrheit der Experimente zu der Schlußfolgerung, daß die Verwitterung im sauren Medium die Bildung der Trihydratform der Tonerde begünstigt. Diese Tendenz bleibt auch bei nachfolgender Neutralisierung saurer Lösungen erhalten. In diesem Falle wirkt die rudimentäre Struktur des Polymers des Aluminiumions im sauren Medium als Keim, der in größerem oder geringerem Maße den Verlauf der weiteren Kristallisation des Alumogels im ausgefällten Sediment bestimmt.

4. Zum Einfluß der Karbonatgesteine auf die Bauxitbildung

Anders muß die Zersetzung von Alumosilikatmaterial in einem ursprünglich schwach alkalischen Karbonatmedium vor sich gehen. Es ist bekannt, daß bei der Zerstörung des Gitters von Alumosilikatmineralen im alkalischen Medium entsprechend der Wegführung der Kieselsäure das freigesetzte Aluminium infolge seines amphoteren Verhaltens in bedeutender Menge komplexes Anion-$Al(OH)_4^{1-}$ in Viererkoordination bildet. In diesem Falle geht der obenbeschriebene Prozeß der Polymerisierung der Kationen des Aluminiums mit der Bildung der Elemente des Gibbsitgitters schon in der Lösung nicht vor sich. Bei der Auskristallisierung der Alumogele, die aus alkalischen Lösungen ausgefällt werden, muß eine Umlagerung der Aluminiumatome in die für Tonerdeminerale übliche oktaedrische Koordination vor sich gehen. Bei dieser Umlagerung des Aufbaus der zweidimensionalen Netze, die in die Struktur der Trihydratminerale der Tonerde eintreten, beschränkt sich das Defizit auf zwei Hydroxylgruppen. Dieses Defizit ist beim Aufbau des Boehmitgitters mit doppelten Oktaederschichten, parallel (010) nicht vorhanden, in denen nur die Hälfte der Sauerstoffatome mit Wasserstoff verbunden ist (BRAGG & CLARINGBULL 1967). Wie schon weiter oben vermerkt wurde, durchlief auch bei der Dehydratisierung des Gibbsits die Bildung von Boehmit ein Stadium mit Viererkoordination des Aluminiums.

Das Auftreten von Kalziumbikarbonat im Zersetzungsmedium der Alumosilikate zeigte seinen Einfluß auf die geochemischen und mineralogischen Besonderheiten der Bauxite nicht nur durch den pH-Wert. Zum Beispiel wies BENESLAWSKIJ (1963, 1968) nach, bezugnehmend auf die Versuche von H. STREMM und C. CORRENS, daß das Kalziumbikarbonat den Übergang echter Kieselsäurelösungen in den Kolloidzustand und ihre Koagulation fördert. Eine Beimengung von Kieselerde dagegen verlangsamt die Kristallisation des Alumogels und begünstigt die Konservierung des primären Boehmits. Damit steht der häufig in den Lagern beobachtete sehr hohe Kieselsäureanteil der Boehmitbauxite gegenüber den gibbsitischen Bauxiten in Übereinstimmung. Es kann festgestellt werden, daß bei Vorhandensein von Kieselsäure Boehmit auch im sauren Medium erhalten bleibt. Es ist anzunehmen, daß die Kieselsäure irgendwie den obenbetrachteten Prozeß der Gibbsitbildung behindert hat. Auf diese Möglichkeit weisen die Ergebnisse der Versuche von KIMP u. a. (1961) hin, die Boehmit zusammen mit Kaolinit bei pH 4,2 bei der Auskristallisation des Alumosilikatgels bestimmter Zusammensetzung $\frac{Al_2O_3}{Al_2O_3 + SiO_2} = 88{,}1\%$ bei Anwesenheit von NaCl erhielten.

Interessant sind die Ergebnisse der Versuche von SCHELLMAN (1959) über die Rolle der Kationen Ca^{2+} und Mg^{2+} bei der Bildung der Eisenoxidminerale. Diese Untersuchungen zeigten, daß der Gehalt der genannten Kationen in dem absorbierten Komplex des frisch gefällten Eisenoxidgels unter nahezu neutralen Bedingungen für die Auskristallisierung von Hämatit günstig ist, jedoch nicht für Goethit. Die Ergebnisse der Versuche wurden bestätigt durch TAYLOR & GRALEY (1967) bei der Untersuchung von Eisenoxiden in den Böden der Insel Tasmanien. Möglicherweise erklärt sich dadurch zum Teil die in einigen geosynklinalen Bauxitlagern festgestellte ausreichend deutliche Abhängigkeit zwischen dem Gehalt an Boehmit und Hämatit auf der einen Seite und Gibbsit und Hydrogoethit auf der anderen. Überaus häufig ist die Paragenese dieser Minerale durch eine sekundäre Dehydratisierung der Eisenhydroxide bedingt, die parallel zur Dehydratisierung der Tonerde verläuft.

Solche Kationen wie Ca^{2+} und Mg^{2+} erniedrigen stark die Transportmöglichkeit von Aluminium und Eisen durch Humussäuren, worauf GOREZKIJ (1960) hinwies. Bezugnehmend auf die Ergebnisse der Untersuchung von Humus durch S. WACHSMANN, unterstrich Ju. K. GOREZKIJ, daß der Humus die genannten Kationen lebhaft absorbiert. Dabei erlangt er anstelle der sauren Eigenschaften (pH bis 3,8) neutrale oder auch schwach alkalische Reaktion (pH 7 bis 7,5). Außerdem ist der Humus mit den absorbierten Kationen nicht in der Lage, organische Alumo- und Eisenkomplexe abzugeben und auf diese Weise an ihrem Transport teilzunehmen. Infolgedessen können bei der Bildung von geosynklinalen Karstbauxiten in hydrokarbonatischem Medium organische Stoffe keine große Rolle spielen. Unter den Bedingungen des freien Zutritts von Sauerstoff verbrannte das organische Material in solchen Pflanzen, die an der Oberfläche der sich bildenden Lager wuchsen, vollständig. Aber auch in den seltenen Fällen schlechter Drainage und der Entwicklung von Mooren zeigte sich die Rolle des organischen Materials offensichtlich mehr in der Bildung des Reduktionsmittels des Milieus als in den sauer-alkalischen Besonderheiten des Mediums.

Aus all dem ergibt sich, daß die in der Nähe des Kontaktes mit dem Kalkstein liegenden depressiven Teile des Lagers Zonen waren, in denen in größerer oder geringerer Menge primärer Boehmit gebildet wurde. Die oberflächennahen und intensiv drainierten Teile waren die Zonen mit vorherrschender Gibbsitbildung.

Auf die primären geochemischen und mineralogischen Besonderheiten der geosynklinalen Karstbauxite übten nicht nur die Karbonatgesteine ihren Einfluß aus. So zeigten auch andere Substanzen bei der Auskristallisierung der komplizierten natürlichen Gele auf die Bildung von Tonerdemineralen möglicherweise einen Einfluß (Kieselsäure, Eisenoxide). Die Erhöhung der Temperatur und die Vergrößerung des Dissoziationsgrades des Wassers erweiterten den Bereich der Aktivität des $Al(OH)_4^{1-}$-Ions in Viererkoordination, und infolgedessen wird analog die Bildung von primärem Boehmit von den Karbonaten begünstigt.

Zusammenfassung

Bei einer Untersuchung von Geosynklinalbauxiten ist erforderlich, die Möglichkeit der sehr vielfältigen Formen des Einflusses des Karbonatsubstrats auf die Bauxitbildung zu prüfen. Seine starke Löslichkeit und die damit in Zusammenhang stehende Wasserdurchlässigkeit bedingten bei genügend zergliedertem Relief die Bildung verschiedenartiger Karstfallen, schufen eine gute Drainage der überdeckenden Sedimente und hemmten die Entstehung von Mooren mit ihren reduzierenden Bedingungen. Die Lösung der Karbonate schuf auf vielen Bereichen ein stabiles, schwach alkalisches Medium und wurde zur Quelle eines Überflusses von Ca^{2+} und Mg^{2+}-Ionen in ihnen. Indem die Bauxite bei ihrer Auflösung nicht verunreinigt werden, ermöglichen die Karbonate keine Resilifizierung der Bauxite im Verlauf der nachfolgenden Umbildungsprozesse, ähnlich wie das bei terrigenen Gesteinen der Fall sein kann.

Literatur

ARCHANGELSKIJ, A. C.: Die Bauxittypen der UdSSR und ihre Genese. In: Arbeiten der Konferenz über die Genese der Erze des Eisens, Mangans und Aluminiums. – Isd-wo AN SSSR (1937).

BAAS BECKING, L. G., I. P. KAPLAN & D. MIR: Die Schwankungsgrenzen des pH-Wertes und die Redoxpotentiale natürlicher Medien. In: Geochemie der Lithogenese. – Mir, Moskau 1963.

BARDOSSY, G.: The geochemistry of Hungarian bauxites. – Acta geol. Acad. hung., t. 5, fasc. 2 bis 4 (1958).

BENESLAWSKIJ, S. I.: Mineralogie der Bauxite. – Gosgeoltechisdat, Moskau 1963.

– Grundzüge der Einheit der Mineralbildungsprozesse in Rückstands- und sedimentären Bauxiten. – Travaux du Comité international pour l'étude des bauxites des oxydes et des hydroxydes d'aluminium, Nr. 5, Ed. Académie Yougoslave des Sciences et des Arts, Zagreb 1968.

BRAGG, W., & G. CLARINGBULL: Die Kristallstruktur der Minerale. – Mir, Moskau 1967.

BUSCHINSKIJ, G. I.: Fälle natürlicher Bleichung von Bauxiten. – Travaux du Comité international pour l'étude des bauxites, des oxydes et des hydroxydes d'aluminium, Nr. 5, Ed. Académie Yougoslave des Sciences et des Arts, Zagreb 1968.

FREUND, F.: Hydrargillitentwässerung und Boehmitbildung. – Ber. dt. keram. Ges., Bd. 44, Nr. 4 (1967).

GEREWJOHN, A., & M.-C. CASTUCHE: Synthese und Genese des Hydrargillits. In: Fragen der Geologie und Mineralogie der Bauxite. – Mir, Moskau 1964.

GORBATSCHEW, B. F.: Die geologische Bedeutung der Resilifizierung der Bauxite. In: Genesis der Bauxite. – Nauka, Moskau 1966.

GOREZKIJ, JU. K.: Gesetzmäßigkeiten der Verbreitung von Bauxitlagerstätten. – Arb. VIMS, now. ser., v. 5 (1960).

HEM, J. D., & C. E. ROBERSON: Form and stability of aluminium hydroxide complexes in dilute solution. – Geol. Sur. water supply, paper 1827-A. U.S. Gov. Print. Off., Washington 1967.

HILL, V. G.: The mineralogy and genesis of the bauxite deposites of Jamaica – B. W. I. Amer. Mineralogist, vol. 40, Nr. 7/8 (1955).

HSU, P. H., & T. F. BATES: Formation of X-ray amorphous and cristalline aluminium hydroxides. – Mineral. Mag., vol. 33, Nr. 264 (1964).

KIMP, C. D., M. C. CASTUCHE & G. W. BRINDLEY: Ionic coordination of aluminosilicic gels in relation to clay mineral formation. – Amer. Mineralogist, vol. 46, Nr. 11 u. 12 (1961).

McKENZIE, R. K., R. MELDAU & D. A. GARD: Der Aufbau von Gelen der Sesquioxide. II. Tonerdegele. In: Fragen der Geologie und Mineralogie der Bauxite. – Mir, Moskau 1964.

PEDRO, G., & H. BERRIER: Sur l'alternation expérimentale de la kaolinite et sa transformation en Boehmite par lessivage à l'eau. – C. R. Acad. Sci., t. 268, ser. D, Nr. 7 (1966).

PEDRO, G., & J. C. LUBIN: Sur l'évolution de gels aluminosiliciques en milieu lessivé influence de la nature des agents d'altération sur l'édification de boehmite ou de gibbsite sur sein des produits aluviaus. – C. R. Acad. Sci., t. 266, ser. D, Nr. 6 (1968).

SAALFELD, H.: The dehydration of gibbsite and the structure of a tetragonal γ-Al_2O_3. – Clay minerals bull., vol. 3, Nr. 19 (1958).

SAKAĆ, K.: Geološka grada i boksitne pojave podrucja Noyigrad-Obrovac n sjeverozapadnoj Dalmaciji. – Geol. vjesnik, Sv. 14 (1960).

SANS, W. A.: Die Bauxitvorräte auf Jamaika. In: Fragen der Geologie und Mineralogie der Bauxite. – Mir, 1, Moskau 1964.

SCHELLMAN, W.: Experimentelle Untersuchungen über die sedimentäre Bildung von Goethit und Hämatit. – Chemie der Erde, v. 20, Nr. 2 (1959).

SCHROLL, E., & D. SAUER: Ein Beitrag zur Geochemie der seltenen Elemente in Bauxiten. – Symposium sur les bauxites oxydes et hydroxydes d'aluminium, t. I, Zagreb 1964.

– Beitrag zur Geochemie von Titan, Chrom, Nickel, Kobalt, Vanadium und Molybdän in bauxitischen Gesteinen und das Problem der stofflichen Herkunft des Aluminiums. – Travaux du Comité international pour l'étude des bauxites, des oxydes et des hydroxydes d'aluminium, Nr. 5, Ed. Académie Yougoslave des Sciences et des Arts, Zagreb 1968.

TAYLOR, B. M., & A. M. GRALEY: The influence of ionic environment on the nature of iron oxides in soils. – J. Soil., v. 18, Nr. 2 (1967).

TERENTEEWA, K. F.: Über die Genese der Tonerdeminerale in Bauxiten. – Isd-wo AN SSSR, Moskau 1958.

Hauptrichtungen des wissenschaftlich-technischen Fortschritts auf dem Gebiet der geologischen Erkundungsarbeiten

G. K. WOLOSJUK, UdSSR

Die Kommunistische Partei der Sowjetunion entwickelte in Verwirklichung des LENINschen Plans der Industrialisierung des Landes in raschem Tempo die Produktivkräfte. Während der mehr als fünfzigjährigen Geschichte des sozialistischen Staates ist die Industrieproduktion wie nie zuvor gestiegen. Der Umfang der geologischen Arbeiten ist gewachsen, neue Lagerstätten nutzbarer Bodenschätze wurden entdeckt und die Menge der erkundeten Vorräte mineralischer Rohstoffe erhöht.

In all den Jahren wurde der Entwicklung der Wissenschaft und Technik als der Grundlage des technischen Fortschritts aller Volkswirtschaftszweige eine außerordentliche Beachtung beigemessen. Die Steigerung der geologischen und ökonomischen Effektivität der geologischen Erkundungsarbeiten konnte nur auf Grund des wissenschaftlich-technischen Fortschritts und der maximalen Nutzung wissenschaftlicher Erkenntnisse erreicht werden.

Aus: „Raswedka i ochrana nedr", 4 (1970), S. 10–17.
Übers.: H. KÄBEL.

Die Sowjetmacht stattete die geologischen Erkundungsbetriebe mit einer hochleistungsfähigen Technik für Such- und Erkundungsarbeiten aus. Die Geologen wurden mit neuen Bohranlagen und neuen technischen Mitteln für das Niederbringen von Erkundungsaufschlüssen sowie mit Apparaturen für geophysikalische, geochemische und Laborarbeiten ausgerüstet.

Der vielfältige Einsatz der Technik ermöglichte, die Suche und Erkundung der Lagerstätten in einem großen Umfang zu führen, die Vorräte nutzbarer mineralischer Rohstoffe ständig zu vergrößern und die technisch-ökonomischen Kennziffern der Arbeiten von Jahr zu Jahr zu verbessern.

Richtungen des wissenschaftlich-technischen Fortschritts im Bohrwesen

Der Umfang des mechanischen Kernbohrens, das vor allen anderen Arbeiten bei der Suche und Erkundung eingesetzt wird, hat sich bedeutend erhöht, ebenso die Bohrgeschwindigkeit beim Abteufen von Bohrungen. Im verflossenen Jahrzehnt vergrößerte sich der Umfang der Bohrarbeiten insgesamt um 25,1% und betrug im Jahre 1968 16639000 m. Der Anteil des Kernbohrens machte dabei mehr als 70% aus. Obwohl während dieser Zeit die Bohrmeterleistung in Gesteinen der Bohrbarkeitsklassen X bis XII um das 1,8fache und in Gesteinen der Klassen VII bis IX um das 1,1fache anstieg sowie die Anzahl der Bohrungen über 1200 m Teufe zunahm, erhöhte sich die Bohrgeschwindigkeit um 31%. Die Gesamteinsparung durch Steigerung der Bohrgeschwindigkeit belief sich im Zeitraum von zehn Jahren auf 73 Mill. Rubel, wobei 45,1% dieser Summe aus der Einführung des Diamantbohrens resultieren.

Die wichtigsten Maßnahmen, die in diesem Zeitabschnitt zur Verbesserung der technischen und ökonomischen Kennziffern realisiert wurden, waren die Einführung des Diamantbohrens anstelle des Schrotbohrens (WITR), des kernlosen Bohrens, der Hartstiftkronen kleinen Durchmessers (SKB), des gerichteten Bohrens und des Bohrens mit mehrfacher Richtungsänderung (WITR, KasIMS).

Die Einführung des Diamantbohrens erforderte die Durchführung wissenschaftlicher Forschungsarbeiten zur Schaffung

einer Technik und Technologie für die Verbesserung der Bohreigenschaften der für Bohrzwecke ausgesonderten Diamanten,

einer neuen Bohrausrüstung, die das Niederbringen von Bohrungen im Schnellverfahren ermöglichte,

verschiedener Typen von Diamantbohrkronen, die für das Bohren von Gesteinen unterschiedlicher Festigkeitskategorien geeignet waren,

von Bohrwerkzeug, Gestängezubehör und Fanggeräten,

eines neuen Standards von Rohren und Verbindungen für geologische Arbeiten,

von Technologien für das Diamantbohren, von Instruktionen, Merkblättern, methodischen Anweisungen, Lehrfilmen und anderen Informationsmitteln über das Diamantbohren.

Für Bohrzwecke werden gewöhnlich Diamanten der zweiten Güte ausgesondert. Um den Verbrauch von Diamanten pro Bohrmeter zu senken, wurden spezielle technische Verfahren und Technologien der Abrundung, der gerichteten Zerkleinerung und des Schleifens der Diamanten entwickelt.

Die Beobachtung des Betriebseinsatzes von Bohrkronen mit solchen Diamanten zeigte, daß die für den Schneidprozeß verwendeten abgerundeten Diamanten den natürlichen Diamanten erster Güte hinsichtlich der Haltbarkeit nicht nachstehen. Die aus Diamanten nach gerichteter Zerkleinerung hergestellten Kronen haben eine um 50% höhere Haltbarkeit als gewöhnliche. Die Bohrgeschwindigkeit vergrößert sich mit ihnen um 20%. Die Haltbarkeit von Kronen, die mit geschliffenen Diamanten besetzt sind, ist 1,5—2,0 mal größer als bei Kronen, die aus gewöhnlichen Diamanten zweiter Sorte hergestellt sind. Die Arbeiten zur Verbesserung der Bohreigenschaften von Diamanten ermöglichten die Verwendung zweitsortiger Diamanten und dadurch die Steigerung des Umfangs des Diamantbohrens. In den verflossenen zehn Jahren hat das WITR 20 Typen von Bohrkronen mit kleinen Diamanten von 36—112 mm Durchmesser entwickelt und in die Produktion übergeführt.

Die Schaffung von Bohrwerkzeugen, Gestängezubehör und Fanggeräten für das Diamantbohren wurde mit erhöhtem Tempo betrieben. Zur Einführung des Schnellbohrens, neuer progressiver Bohrtechnologien, des effektiven Einsatzes der Bohrausrüstung und der Verminderung der Störanfälligkeit wurden im WITR umfangreiche Arbeiten zur Schaffung eines neuen Standards über Rohre und Verbindungen bei geologischen Erkundungsarbeiten durchgeführt. Die entwickelten Reihen von Rohren wurden als Industriezweignormative bestätigt.

In den Forschungseinrichtungen und Erkundungsbetrieben erfolgten umfangreiche Arbeiten zur Vervollkommnung der Technologie des Diamantbohrens. Es wurden Instruktionen und Anleitungen über den rationellen Betriebseinsatz der verschiedenen Bohrwerkzeuge, über die Anwendung schwingungsdämpfender Mittel sowie Richtlinien über die rationelle Bearbeitung der Diamantkronen, die Normierung des Verbrauchs, der Rückgabe und der zwischenzeitlichen Vorräte von Diamanten erarbeitet. Eine Reihe von neuentwickelten Bohrgeräten entsprach allen Anforderungen des Diamantbohrens.

Die aufgezählten Forschungs-, Entwicklungs- und Erprobungsarbeiten ermöglichten in den vergangenen zehn Jahren eine Vergrößerung des Umfangs des Diamantbohrens um das 50fache — von 33000 auf 1613000 m — und der Bohrgeschwindigkeit um 47% gegenüber 31% bei allen anderen Bohrverfahren. Einzelne Brigaden der Geologischen Verwaltung Nordwest, der Vereinigungen „Artjomgeologia“, „Dneprgeologia“, „Kiewgeologia“, „Taschkentgeologia“ u. a. erreichten Bohrgeschwindigkeiten je Anlage und Monat in Gesteinen der Kategorien VI—IX von 500 bis 900 m. Die Einführung des Diamantbohrens, die Verbesserung der Technologie, die Verminderung des Diamantenverbrauchs pro Bohrmeter sind die wichtigste Reserve für eine weitere Steigerung der Bohrgeschwindigkeit und für eine Kostensenkung des Erkundungsbohrens.

Ein bedeutender technischer Fortschritt wurde auf dem Gebiet der Schaffung hocheffektiver Hartmetallbohrwerkzeuge für das Kernbohren und kernlose Bohren erzielt. Die entwickelten Hartmetallkronen und Rollenmeißel kleiner Durchmesser werden erfolgreich bei Bohrarbeiten in Gesteinen mittlerer und großer Festigkeit eingesetzt. Ihr Einsatz ergibt hohe technische und ökonomische Kennwerte.

Die vorhandene Bohrtechnik und die übliche Bohrtechnologie erlauben allerdings bis jetzt noch nicht, das jährlich anwachsende Bohrvolumen ohne zusätzliche Bohranlagen und ohne Erhöhung der Beschäftigtenzahl im Bohrwesen zu erfüllen. Als Hauptaufgabe der nächsten Jahre steht die Erreichung der Bohrgeschwindigkeit der besten Bohrbrigaden durch alle Kollektive mittels Steigerung der mechanischen Bohrgeschwindigkeit und des Anteils der reinen Bohrzeit.

Eine große Bedeutung für den weiteren technischen Fortschritt im Bohrwesen besitzt das Diamantbohren, das das Abteufen von Bohrungen im Schnellbetrieb (1200 bis 2000 U/min) ermöglicht. Bei diesem Verfahren verwendet man Bohrwerkzeuge kleinen Durchmessers. Dadurch wird der Verbrauch von Rohren bzw. Gestänge und Diamanten rapide gesenkt; es bestehen Möglichkeiten, infolge Einsatzes nur eines Durchmessers die Bohrlochkonstruktion ohne Verrohrung wesentlich zu vereinfachen.

Bei der Detailerkundung wird das Nebengestein auch künftig durch kernloses Bohren durchteuft. Allerdings ist kein starkes Ansteigen des Bohrvolumens zu erwarten, da die Vervollkommnung des Kernbohrens viel schneller vor sich geht als die Schaffung indirekter Methoden der Erlangung geologischer Informationen, was beim kernlosen Bohren unbedingt erforderlich ist.

Das Bohren mit Hartmetallen wird bereits im Verlauf des bevorstehenden Fünfjahrplans bedeutenden Veränderungen unterworfen sein. Anstelle von Hartmetallstiften werden die Bohrkronen mit großen synthetischen Diamantaggregaten des Typs Carbonado mit vorgegebenen geometrischen Formen besetzt. Versuchsmuster solcher Schneiden wurden bereits hergestellt. Die mit solchen Schneiden besetzten Kronen durchlaufen die Erprobung.

Den durch die verschiedenen Betriebe und Institute zu entwickelnden neuen Methoden der Gesteinszerstörung liegt jeweils eines der nachfolgenden Verfahren zugrunde: das mechanische, thermische, hydraulische, elektrophysikalische, ein kombiniertes oder das Sprengbohrverfahren. Von diesen fand nur das mechanische eine gewisse Anwendung. Die übrigen erlangten wegen des zu hohen Energieverbrauchs, zu großer Kosten, fehlender Möglichkeiten einer Kernentnahme, Schwierigkeiten bei der Entfernung des Bohrkleins, zu geringer Bohrtiefe und Veränderung des natürlichen Zustands der Gesteine keine Anerkennung. Von den mechanischen Verfahren wurden das Magnetostriktionsbohren (WITR), das hydraulische Schlagbohren (SKB) und das pneumatische Schlagbohren (ZNIGRI) am gründlichsten untersucht.

Das Hochfrequenz-Magnetostriktionsbohren erbrachte am Versuchsstand und unter betriebsnahen Bedingungen in mittelkörnigem Granit eine Erhöhung der Bohrgeschwindigkeit um das 3- bis 4fache gegenüber dem Diamantbohren. Allerdings befindet sich dieses Verfahren noch im Stadium des Experiments.

Eines der hervorstechendsten Merkmale der gegenwärtigen Entwicklung der Technik ist die Automatisierung. Sie ermöglicht eine sprungartige Steigerung der Arbeitsproduktivität, die Erhöhung der Arbeitskultur und die Befreiung des Menschen von schweren bzw. schädigenden Arbeiten. Im WITR wurde erstmals in der UdSSR eine automatisierte Bohranlage BA-25-LE zur Niederbringung von Strukturbohrungen bis 2000 m Teufe auf Erdöl—Erdgas und von Such- und Erkundungsbohrungen auf feste Minerale entwickelt.

Ein Versuchsmuster der Anlage BA-25-LE wurde 1969 unter Betriebsbedingungen in Weißrußland erprobt und von einer staatlichen Kommission für die Serienfertigung empfohlen. Diese Anlage konnte auch als Grundmodell für die nachfolgende Schaffung einer Reihe automatischer Anlagen für das Niederbringen tiefer Erdöl- und Erdgasbohrungen und von Erkundungsbohrungen kleinen Durchmessers mit Diamantwerkzeugen bei der Suche und Erkundung von Lagerstätten fester Minerale bestätigt werden.

Bei der Erprobung dieser Anlage wurde eine Bohrung von 1929 m Teufe mit einer kommerziellen Bohrgeschwindigkeit von 870 m je Anlage und Monat und im Teufenintervall 121—1513 m von 1287 m je Anlage und Monat niedergebracht. Dabei betrug die normative Geschwindigkeit für nichtautomatisierte Anlagen unter gleichen Bedingungen 650 m je Anlage und Monat. Das Abteufen dieser Bohrung erbrachte eine Einsparung von 40000 Rubel. Während der Erprobung wurde der Automat von zwei Anlagenfahrern bedient, die innerhalb von zwei Monaten aus Schichtführern qualifiziert worden waren. Die Entwicklung und Betriebseinführung von Bohrautomaten sind äußerst wichtige Maßnahmen, die einen wesentlichen technischen Fortschritt im geologischen Erkundungsbohren mit sich bringen.

Um die Geschwindigkeit des Erkundungsbohrens erheblich zu erhöhen, müssen die Forschungs- und Entwicklungseinrichtungen eine Reihe von Problemen lösen.

1. Es sind vor allem neue unifizierte, in hohem Maße mechanisierte und automatisierte Bohranlagen für Teufen von 25—3000 m, die der vom WITR gemeinsam mit Organisationen der RGW-Länder ausgearbeiteten Normalreihe entsprechen, zu entwickeln und in die Produktion überzuführen. Dazu müssen Konstruktionen stationärer, mobiler und beweglicher Anlagen mit auswechselbarem Transportgestell, die in Einzelteile von kleinem Gewicht zerlegbar sind, ausgearbeitet werden. Die Anlagen sollen hohe Umdrehungsgeschwindigkeiten des gesteinszerstörenden Werkzeugs und einen hohen Vereinheitlichungsgrad der Abmessungen der Einzelteile innerhalb einer Anlage bzw. zwischen den Anlagen besitzen; ferner einen stufenfreien Antrieb des Rotors, der Hebevorrichtung und der Nachlaßvorrichtung des Bohrwerkzeugs; eine automatische Vorrichtung zur Wahl und Beibehaltung optimaler Parameter des Bohrregimes; zuverlässig anzeigende, registrierende und signalisierende Geräte sowie havarieverhütende Mittel; einen hohen Grad der Zuverlässigkeit und Lebensdauer; geringes Gewicht. Tiefbohranlagen sind außerdem mit automatisierten Steuerungsmitteln des Bohrprozesses auszurüsten.

2. Die Bohrungen sind in maximalem Umfang als Leichtbaukonstruktionen durch Einführung der Technik und der Technologie des Bohrens mit kleinkalibrigen Bohrwerkzeugen auszuführen. Man muß bereits heute bei der Ausarbeitung von Erkundungsprojekten für Lagerstätten, unter Beachtung der geologischen Verhältnisse, der Zusammensetzung und der physikalischen Eigenschaften des Rohstoffs, umfassender das Bohren mit kleinen Durchmessern (59, 46, 35 und 26 mm) anwenden. Dazu ist es überaus wichtig, die Entwicklung und Betriebseinführung von Bohrwerkzeugen und komplexen geophysikalischen Apparaturen kleinen Durchmessers zu beschleunigen.

3. Es sind zielgerichtete Maßnahmen zur Verkürzung der unproduktiven Ein- und Ausbauzeiten zu treffen. Ferner sollen Untersuchungen zur Ausarbeitung einer Methode und Technik des Bohrens mit kontinuierlicher Kernentnahme und zur Erhöhung der Standzeit von Diamantbohrkronen, die beim Bohren mit abnehmbaren Kernhülsen eingesetzt werden, durchgeführt werden. Zum Abteufen von Bohrungen mit abnehmbaren Kernhülsen ist die Schaffung prinzipiell neuer Diamant- und Hartmetallbohrwerkzeuge, unterschiedlicher Typen von Kernhülsen, Gestänge und Verbindungen sowie Bohrwerkzeugen erforderlich.

4. Hochfeste Futterrohre und Gestänge einer neuen Normalreihe sind einzuführen; denn die gegenwärtig benutzten Rohre besitzen nur eine relativ geringe Festigkeit. Zur Qualitätserhöhung der Futterrohre und des Gestänges für geologische Erkundungsarbeiten hat das WITR gemeinsam mit den Rohre entwickelnden Instituten und Betrieben des Ministeriums für Schwarzmetallurgie sowie mit Forschungseinrichtungen und Betrieben des Ministeriums für Werkzeugmaschinen- und Gerätebau der UdSSR eine neue Normalreihe von Rohren für die geologische Erkundung entwickelt. Wichtigste Aufgabe des Ministeriums für Geologie der UdSSR ist die unverzügliche Organisierung der Rohrproduktion nach dem neuen Standard.

5. Die Produktion der notwendigen Anzahl von Bohrwerkzeugen, Gestängezubehör und Fanggeräten für alle Bohrverfahren ist zu entwickeln und zu sichern.

6. Technik und Technologie des Diamantbohrens sind unablässig zu vervollkommnen. Wichtigste Punkte beim Diamantbohren sind: Schaffung neuer, standfesterer Typen von Diamantbohrkronen und -nachräumern sowie von Bohrkronen für feste Gesteine mit großer Schleifschärfe und Zähigkeit; Ausarbeitung von Maßnahmen zur Senkung des spezifischen Diamantenverbrauchs; Einführung einer Bohrtechnologie, die auf die gesamte Vielfalt der geologischen Verhältnisse zu erkundender Lagerstätten abgestimmt ist.

7. Es ist eine eingehende Analyse der Organisation des geologischen Erkundungsbohrens in den Betrieben und Objekten durchzuführen und der Stand der wissenschaftlichen Arbeitsorganisation im Bohrwesen mit dem Ziel zu untersuchen, Vorschläge und Empfehlungen über die weitere Verbesserung dieser entscheidenden Produktionselemente zu unterbreiten. Auf Grund dieser Untersuchungen sind die besten Beispiele der Betriebs- und Arbeitsorganisation auszuwählen, durch die Presse zu popularisieren und in die Betriebspraxis aller geologischen Organisationen einzuführen. Die Ausführung dieser Arbeiten und die Verantwortung für die Vervollkommnung der Bohrarbeiten auf der Grundlage der wissenschaftlichen Arbeitsorganisation sollten den Leitinstituten des Industriezweiges übertragen werden.

8. Das bestehende System der Qualifizierung der Arbeiter und des ingenieurtechnischen Personals im Bohrwesen muß verbessert werden. Das Netz der ständigen Lehrgänge ist zu erweitern, die Arbeitserfahrungen der Schrittmacherkollektive sind weiten Kreisen bekanntzumachen.

Grundlagen des wissenschaftlich-technischen Fortschritts in der Geophysik

Von besonders großer Bedeutung ist die ständige Verbesserung der Methoden und Mittel zum Auffinden neuer höffiger Regionen und Lagerstätten ohne großen Aufwand an teuren Bohrarbeiten. Das WITR arbeitet an Ausrüstungen und Methoden zur Untersuchung des bohrlochnahen bzw. zwischen den Aufschlüssen gelegenen Raumes zur Suche verdeckter Lagerstätten oder vorwiegend tief lagernder Erzkörper. Die in den letzten zehn Jahren zu diesem Zweck geschaffenen Apparaturen und Methoden erhielten die Bezeichnung „Bohrlochgeophysik".

Wie die bisherigen Erfahrungen beweisen, vermittelt die kombinierte Anwendung von Bohrarbeiten und Bohrlochgeophysik eine umfassende Information über das Verhalten der Erzkörper in der Tiefe und ermöglicht, die Suche und Erkundung mit einem um das 1,5- bis 2fache aufgelockerten Bohrnetz durchzuführen.

Gegenwärtig liegen acht Arten hier entwickelter geophysikalischer Bohrlochapparaturen vor: für Radiowellendurchstrahlung, Drei-Komponenten-Elektroerkundung, Elektroerkundung mit Gleich- und Niederfrequenzstrom, induzierte Polarisation, Messung des natürlichen elektrischen Feldes, Drei-Komponenten-Magnetometrie, piezoelektrische Messungen und seismisch-akkustische Durchstrahlung. Die gesamten Apparaturen sind für Bohrtiefen bis 1000 m berechnet. Der Wirksamkeitshalbmesser von der Bohrlochachse aus beträgt 100—200 m. Die Apparaturen werden im Musterbauwerk des WITR, im Mytyschtschnsker Werk für Gerätebau und in den Werken „Neftjepribor" und „Geologoraswedka" hergestellt.

Seit 1964 werden dort Arbeiten zur Schaffung direkter physikalisch-chemischer Such- und Erkundungsmethoden in Bohrlöchern betrieben. Sie ermöglichen, fern vom Erzkörper oder anhand einer kleinen Anzahl kontaktierender Punkte eindeutig den chemischen und mineralogischen Bestand der Erze und überschläglich die Größe der Erzkörper feststellen zu können. Somit bietet sich die Möglichkeit, auf Grund gemessener physikalischer Größen auf die chemische und mineralogische Zusammensetzung der Erze zu schließen. Berücksichtigt man, daß alle geophysikalischen Methoden nur indirekt Schlüsse erlauben, wird die Erfordernis direkter Methoden offenbar. Durch direkte Methoden könnte man geophysikalische Anomalien verwerfen bzw. Beachtung verdienende auswählen.

Gegenwärtig ist die Entwicklung der Apparaturen für die Methode KSPK[1]) abgeschlossen worden. Probebetriebe auf dieser Basis wurden auf Lagerstätten der Kolahalbinsel, von Mittelkasachstan und Usbekistan eingerichtet. Das Mytyschtschinsker Werk für Gerätebau stellte Ende 1969 ein Versuchsmuster der KSPK-Apparatur her, das 1970 die industriemäßige Erprobung durchgemacht hat.

Neugeschaffen und erfolgreich in Objekten der Kolahalbinsel angewendet wurde eine Apparatur für die Bestimmung der stofflichen Substanz geophysikalischer Anomalien auf Distanz mittels der Methode TSCHIM — partielle Extraktion von Metall.[2]) Zur Zeit läuft die Herstellung von Versuchsmustern dieser Apparatur.

Die Anwendung der neuen Technik und der Methoden der Bohrlochgeophysik bei der Suche und Erkundung von Lagerstätten nutzbarer Rohstoffe erbrachte den Beweis ihrer hohen geologischen und ökonomischen Effektivität. Die Bohrlochgeophysik ermöglicht eine Vergrößerung der Untersuchungstiefe. Die direkten physikalisch-chemischen Methoden und Ausrüstungen heben die Erzgeophysik auf eine qualitativ höhere Stufe.

Die vordringlichsten Aufgaben bei der Einführung der Bohrlochgeophysik sind folgende:

1. Die Serienproduktion der neugeschaffenen Apparaturen und die Herstellung von EDVA für die Bohrlochgeophysik zwecks Bearbeitung und Auswertung der Bohrlochmeßergebnisse sind zu gewährleisten.

2. Auf der Grundlage der vorhandenen Bohrlochgeräte (Radiowellendurchstrahlung, Drei-Komponenten-Magnetik, Bohrlochvarianten der induzierten Polarisation und andere) sind komplexe Apparaturen mit unifizierten austauschbaren Einzelteilen für die Suche und Erkundung von Sulfid-, Magnetit-, Quarzgang- und anderen Lagerstätten zu schaffen. Es müssen Bohrlochgeräte entwickelt werden, die in Bohrungen von 36 mm Durchmesser einsetzbar sind und über einen erweiterten Durchdringungsbereich der umgebenden Gesteinsschichten verfügen.

3. Die Ausarbeitung von Anlagen für eine komplexe automatische oder halbautomatische Bearbeitung der bohrlochgeophysikalischen und bohrlochgeochemischen Meßwerte, die eine ausreichende Geschwindigkeit für die operative Lenkung des Bohrprozesses aufweisen, ist voranzutreiben. Das WITR hat jetzt eine hochproduktive geoakkustische Apparatur für das Auffinden von Lagerstätten und potentiell perspektivischen geologischen Provinzen und Strukturen auf dem Boden von Gewässern und Meeresräumen mit Ortungstiefen von 15—1500 m ausgearbeitet. Wichtig ist auch die Entwicklung einer geologischen Ortungsapparatur für die Durchführung von Untersuchungen auf Flüssen, Seen und Sümpfen.

[1]) KSPK = Kontaktverfahren von Polarisationskurven.

[2]) TSCHIM = tschastitschnoje iswletschenije metalla.

Zum technischen Fortschritt bei der Probenahme

Die Entnahme und Bearbeitung geologischer Proben sind sehr verantwortungsvolle Operationen im Komplex der geologischen Erkundungsarbeiten. Trotzdem wird der Verbesserung der vorhandenen Bemusterungsmethoden, der Mechanisierung des Entnahmevorgangs und der Bearbeitung geologischer Proben ein noch ungenügendes Augenmerk gewidmet.

In den letzten fünf Jahren führte das WITR kleinere Arbeiten zur Mechanisierung der Probenahme aus bergmännischen Aufschlüssen sowie der Probenbearbeitung aus. Es wurden elektrische und pneumatische Probenahmegeräte mit schlagender oder reibender Wirkungsweise entwickelt: UP-1, UP-2, DPP—WITR und DPE—WITR.[3]) Ihr Einsatz bewirkt eine wesentlich verbesserte Qualität der entnommenen Proben, erhöht die Arbeitsproduktivität des Probenehmers um das 3- bis 4fache, insbesondere in festen und sehr festen Gesteinen, befreit den Probenehmer von schwerer körperlicher Arbeit und verringert die Verletzungsgefahr. Die Anwendung dieser Probenahmegeräte erhöht den Repräsentationswert der Proben. Besonders wirtschaftlich und rentabel im Betriebseinsatz sind die Scheibenprobenahmegeräte.

Im WITR wurde gleichfalls ein Gerät UOGP[4]) entwickelt, das zur Bearbeitung geologischer Proben dient. Der Bearbeitungsprozeß verläuft kontinuierlich bei automatischer Viertelung der Proben und Ausgabe repräsentativer pulverförmiger Laborproben von 50—150 g Gewicht und entsprechender Duplikate. Das Gerät UOGP verdoppelt die Arbeitsproduktivität, verbessert die Qualität der Bearbeitung und erhöht die Arbeitskultur. Im Jahre 1970 wurde im Feodossiater Werk des Ministeriums für Geologie der Ukrainischen SSR die Produktion der Anlage UOGP aufgenommen.

Wichtig für die Beschleunigung des technischen Fortschritts sind eine richtige Arbeitsorganisation in den Produktionsbetrieben, Forschungsinstituten und Entwicklungsbüros sowie eine umfassende Anwendung der neuesten Errungenschaften von Wissenschaft und Technik bei der Suche und Erkundung von Lagerstätten nutzbarer Rohstoffe.

Die Spezialisten, die mit der Ausarbeitung von neuen technischen Mitteln, Technologien und Methodik beschäftigt sind, sollten sich von den Worten W. I. LENINS leiten lassen: „Das Wesentliche besteht darin, sich nicht mit dem Können zufriedenzugeben, das aus unseren früheren Erfahrungen herrührt, sondern unablässig weiterzugehen, unablässig größeres zu erstreben, unablässig von leichteren zu schwierigeren Aufgaben zu schreiten. Ohne das ist ein Fortschritt überhaupt nicht möglich ..."[5])

[3]) UP = schlagende Probenahmegeräte; DPP = pneumatische Scheibenprobenahmegeräte; DPE = wie zuvor, elektrische.

[4]) UOGP = Gerät zur Bearbeitung geologischer Proben.

[5]) W. I. LENIN, Ges. Werke, Bd. 37, S. 196 (russ.).

Die Neutronenaktivierung – eine Methode zum Nachweis von Apatit- und anderen fluorhaltigen Mineralisationen nach den Fluordispersionsaureolen

A. N. GORBATSCHEW, A. M. KARPUNIN & L. F. MATUKANIS, UdSSR

In der Geologie wird gegenwärtig die Neutronenaktivierungsanalyse zur Bestimmung einer ganzen Reihe chemischer Elemente in zwei Varianten angewandt, entweder als Labormethode oder als Direktmethode in Bohrungen (FILIPOW 1966). Die Fluor-Analyse mit Hilfe der Aktivierungskarottage an geologischen Bildungen in ihrer natürlichen Lagerung wurde insbesondere durch W. JA. BARDOWSKIJ (1962) und einem Kollektiv unter der Leitung I. P. KOSCHELEWs (1968) entwickelt. Das Testen der Aktivierungsbeprobung fluorhaltiger Erze in Grubenabbauen war erfolgreich (P. P. CHITEW & A. A. FEDOROW 1966). Im Zusammenhang mit der notwendigen Vervollkommnung des Komplexes geophysikalischer Suchmethoden auf Lagerstätten der Phosphatrohstoffe wurde die Feldaufnahme zu Fuß mit Hilfe der Neutronenaktivierungsanalyse entwickelt und erprobt. Ziel ist dabei die Feststellung der Fluordispersionsaureolen, die mit den Apatitvererzungen verknüpft sind. Die geologisch-geochemische Voraussetzung einer solchen Aufnahme ist das Vorhandensein von Fluor als einem der mineralbildenden Elemente des Apatits. Fluor muß in den bekannten Phosphaterzen (Apatit- und Phosphoriterzen) erheblich überwiegen. Folglich muß auch das Vorkommen von Fluor in den Nebengesteinen und den benachbarten Verwitterungsprodukten der Lagerstätten ähnlicher Erze wahrscheinlich sein. Die physikalischen Voraussetzungen bestehen in der Fähigkeit des Fluors, das in natürlichen Verbindungen durch das Isotop ^{19}F repräsentiert wird, relativ leicht durch schnelle Neutronen nach der Reaktion $^{19}F(n, \alpha)^{16}N$ aktiviert, wobei eine Reihe kurzlebiger gammastrahlender Isotope gebildet wird. Die analoge Fähigkeit des Hauptelements der Phosphaterze, des Phosphors, ist unvergleichlich niedriger. Unter den Bedingungen der Aktivierung des Gesteins durch Neutronen einer Polonium-Beryllium-Quelle bildet sich das Isotop ^{16}N auch im Verlaufe der Reaktion $^{16}O(n, p)\,^{16}N$ und $^{15}N(n, p)\,^{16}N$. Die Wahrscheinlichkeit dieser Reaktionen ist jedoch bedeutend geringer als die Reaktion $^{19}F(n, \alpha)\,^{16}N$.

Die Aufnahme zu Fuß, unter Verwendung der obengenannten Reaktionen, wurde an geradlinigen Profilen von einer Zweimannbrigade (ein Ausführender mit Gehilfen) unter verschiedenen apparativen Bedingungen und Aktivierungsregimen durchgeführt. Der Abstand der Aufnahmepunkte betrug 10 und 5 m. Für die Aktivierung oberflächennaher lockerer Ablagerungen wurden standardisierte Polonium-Beryllium-Neutronenquellen mit einer Aktivität von 5 und 10 Curie verwendet. Der Strahlungsschutz für den Gehilfen, der bei der Aufnahme die Aktivierung vornimmt, wurde durch die Verwendung einer langen hohlen Duraluminiumstange gewährleistet. An einem Ende dieser Stange war die Strahlenquelle in einem dünnwandigen Stahlbecher untergebracht, am anderen Ende der Stange befand sich ein Handgriff. Um der Strahlenquelle eine gewisse Beweglichkeit zu geben, wurde das Gefäß an der Stange mit einem biegsamen Draht aufgehängt. Der Draht führte durch das Innere der Stange zur Hand des Gehilfen. Durch das Festziehen des Drahtes kann das Gefäß mit der Strahlenquelle dicht an das Ende der Stange angelegt werden (was vorteilhaft für den Transport ist). Ein Nachlassen des Drahtes dagegen läßt das Gefäß mit der Strahlenquelle um 20 bis 30 cm absinken (zum Hinablassen in die Bodenvertiefung). Die Stange kann der besseren Handhabung wegen aus einzelnen Teilen zusammengeschraubt werden. Die Länge dieser Sektionen beträgt ungefähr 1,5 m. Entsprechend den Anforderungen des Arbeitsschutzes muß die Stange eine solche Länge haben, daß die Stromdichte der schnellen Neutronen an der der Strahlenquelle entgegengesetzten Seite nicht die festgelegte Grenzdosis überschreitet. Diese beträgt für einen sechsstündigen Arbeitstag 20 Neutronen/s cm². Für Strahlenquellen von 5 und 10 Curie betrug die Länge der Stange entsprechend 3 und 4,5 m. Das Gewicht der Stange mit Gefäß und Draht betrug bei einer Länge von 3 m 1,5 kg und bei einer Länge von 4,5 m 2 kg. Der Strahlungsschutz für den Operateur ist durch seine Entfernung von der Strahlenquelle und zum Zeitpunkt der Beobachtung der Aktivierung durch den Abstand, der die Länge der verwendeten Stange überschreitet, garantiert. Die faktische Dosis der Neutronenstrahlung, der der Operateur und sein Gehilfe ausgesetzt sind, wurde mit Neutronenzählern kontrolliert. Sie überschreitet eine Dosis von 5 Neutronen/s cm² nicht.

Die Aktivierung und die Messung ihres Effektes erfolgten in einer Sonde mit quadratischem Querschnitt von 20 × 20 cm, die über die ganze Länge des Metallkörpers (ca. 25 cm) eingegraben wurde. Die Messung der Aktivierung erfolgte mit Hilfe eines serienmäßig hergestellten tragbaren Szintillationsgammaspektrometers SP 3 für den Feldeinsatz. Mit diesem Gerät war es möglich, sowohl die integrale Intensität der Gammastrahlung zu messen, die ein bestimmtes Energiequantum überstieg, als auch die differentiale Intensität einzelner Gammastrahlenspektren, die an Hand der Größe des Energiebandes des Spektrums bestimmt wurde (P. P. CHITEW & A. A. FEDOROW 1966).

Aus: „Geologija i geofisika", Nr. 3 (123), S. 115–119, Nowosibirsk 1970.
Übers.: Dipl.-Min. A. KRÜGER, Berlin.

Bei den Feldversuchen wurde die Aktivierung in größerem Ausmaß unter zwei Arbeitsbedingungen erprobt. Die erste Bedingung war die integrale Intensität mit einer Diskriminanzschwelle von 3 MeV, welche die Gammastrahlung aller natürlichen radioaktiven Elemente widerspiegelt. Die zweite Bedingung war die differentiale Intensität mit einem Vierstufendiskriminator in einem Fenster, das für Gammastrahlen im Maximum des Spektrums der erwähnten Gammaaktivität des erwähnten Apatiterzes durchlässig war. Da vom Werk die Spektrometer SP 3 mit einem Arbeitsenergiebereich bis 3 MeV gebaut werden, machten sich für die Verwendung des erwähnten differentialen Regimes einige unbedeutende Umbauten des Gerätes erforderlich, die die technischen Instruktionen zulassen. Die Korrektur der Kalibrierung nach dem Foto-Peak des Isotops ^{65}Zn und die Kontrolle der Stabilität der Arbeit des Spektrometers wurden ebenfalls in Übereinstimmung mit den Forderungen dieser Instruktionen durchgeführt.

Um eine Aktivierung des Gebers des Gerätes durch Neutronen und damit verbundene eventuelle Komplikationen zu vermeiden, wird der Geber für die Zeit der Aktivierung von der Sonde entfernt, so daß Störungen der Messungen nur nach dem Herausziehen und der Entfernung der Neutronenquelle auftraten. Für die Abtrennung des „reinen" Effektes der Aktivierung und für die Diskriminierung der Untergrund-Gammaaktivität, damit dieser Untergrund (die Eigenstrahlung des Gerätes, kosmische Strahlung und die Gammastrahlung natürlicher radioaktiver Elemente) nicht im Meßergebnis erscheint, wurden die Messungen in jedem Beobachtungspunkt zweimal durchgeführt: vor und nach der Aktivierung. Die Größe der zugeführten Gammaaktivität bestimmte man danach als Differenz zwischen den Ergebnissen der zweiten und der ersten Messung.

Die Registrierung der Gammaaktivität erfolgte mit dem elektromechanischen Zähler des Spektrometers, die Messung der Registrier- und Aktivierzeit mit einer Stoppuhr. Die Messung der Untergrund-Gammaaktivität in den Sonden wurde vor der Aktivierung im Verlaufe von 60 s für jede Sonde durchgeführt. Der Mittelwert des Grundfonds betrug für den Abschnitt des verwendeten integralen Regimes des Spektrometers 124 ± 18 Imp/min, bei differentialem Regime 7 ± 2 Imp/min. Ausgehend von der Notwendigkeit, einerseits eine hinreichend hohe und konstante Konzentration des Isotops ^{16}N bei der Aktivierung zu gewährleisten und andererseits die Produktivität und den Meßkomfort zu erhöhen, wurde als optimale Zeit eine Zeit genommen, die sich aus $4\,T_{^{16}N} = 4 \cdot 7{,}4 \approx 30$ s ergibt. Da die sofortige Messung der Aktivierung im Moment des Herausziehens und die Entfernung der Quelle nicht möglich sind, ja sogar der Beginn der Messung unmittelbar in diesem Moment erschwert ist, wurde die Registrierung des gesamten Untergrundes und der zugeführten Strahlung 5 s nach der Beendigung der Aktivierung begonnen. Die Praxis zeigte, daß diese Zeit völlig ausreichte, um die Strahlenquelle auf den vom Beobachtungspunkt und der Meßmannschaft entfernten Ausgangspunkt zurückzuziehen. Der Operateur kann also gefahrlos den Geber auf den Boden der Sonde einbringen und das Registriergerät anschließen. Eine solche Pause zwischen der Beendigung der Aktivierung und dem Beginn der Registrierung der Aktivität (die annähernd in der Größenordnung der Periode der Halbwertszeit des induzierten Isotops liegt) verringert natürlich wesentlich die Potentialempfindlichkeit der benutzten Methode. Im Ausfindigmachen von Möglichkeiten für die Verkürzung oder Beseitigung ebendieser Pause besteht eine bedeutende Reserve in der Erhöhung der Effektivität der vorgeschlagenen Feldaufnahme ohne Vergrößerung der Stärke der Neutronenquelle. Die Registrierung war nach 35 s, vom Ende der Aktivierung an gerechnet, beendet.

Der Zeitumfang für den gesamten Zyklus der Aktivierungs- und Meßoperationen betrug in jedem Punkt der Feldaufnahme mittels Neutronenaktivierung 3 min. Ein solcher Zyklus umfaßt die Registrierung der Untergrundstrahlung, die Aktivierung, die Entfernung der Neutronenquelle aus dem Geber und die Registrierung der Summe Untergrund plus zugeführte Aktivität. Die entsprechende Leistung von zwei Personen beträgt bei sechsstündigem Arbeitstag und einer Meßpunktentfernung von 10 m 100 bis 120 Beobachtungspunkte.

Um den Einfluß des Zerfalls der Neutronenquelle und des damit verbundenen Nachlassens der Neutronenausstrahlung in einer Aufnahmeperiode, die der Halbwertszeit des Poloniums entspricht, zu kompensieren, wurden die gemessenen Größen der zugeführten Aktivität durch eine Tabelle der Veränderung der Aktivität

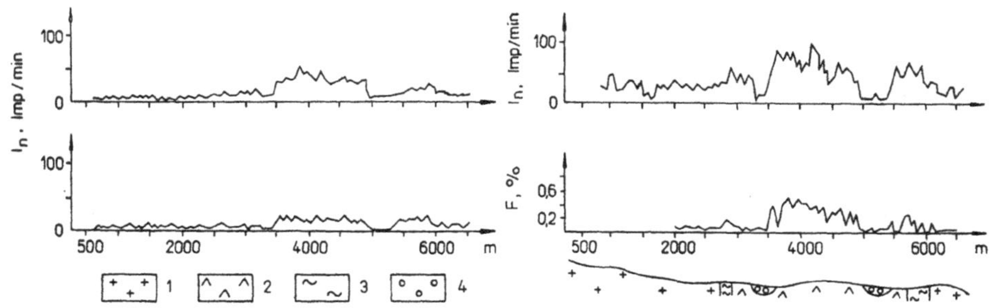

Abb. Graphische Darstellung der Beziehungen zwischen Fluorgehalt und zugeführter Gammaaktivität in Lockergesteinen entlang einem Profil auf einer Apatitlagerstätte

1 — Granite; 2 — apatitführende Diorite (Apatiterz); 3 — hybride Gesteine; 4 — alluviale Ablagerungen
Lies: Ordinate: I_n in Imp/min., Abszisse: Entfernung in m
Kurve 1, links oben: Stärke der Quelle = 10 Curie, differentiale Bedingungen; Kurve 2, links unten: Stärke der Quelle = 5 Curie, differentiale Bedingungen; Kurve 3, rechts oben: Stärke der Quelle = 5 Curie, integrale Bedingungen; Kurve 4, rechts unten: Fluorgehalte in %

des Poloniums in Abhängigkeit von der Zeit korrigiert. Dabei entsprach der Wert des ersten Aufnahmetages einer Intensität von 100%. Die Reproduzierbarkeit und Genauigkeit der durchgeführten Aufnahmen wurden durch Mehrfachmessungen ermittelt. Die mittlere quadratische Abweichung (der mittlere quadratische Fehler) einer Aufnahme bei integralen Bedingungen des Spektrometers mit einer Neutronenquelle von 5 Curie betrug ± 22 Imp/min; bei differentialen Bedingungen mit einer Quelle von 5 Curie ± 6 Imp/min und mit einer Quelle von 10 Curie ± 9 Imp/min. Die Resultate dieser Messungen zeigt die Abbildung. Wie hieraus ersichtlich ist, entsprechen sich Form und Kontrast der zugeführten Aktivität I_n unter allen erprobten Aufnahmebedingungen und spiegeln im allgemeinen den Fluorgehalt in den aktivierten Lockergesteinen wider. Entsprechend den Fluorgehalten kennzeichnen die Aktivierungskurven hinreichend genau die Ausbißstellen der apatithaltigen Diorite und sogar ihrer geringer apatitisierten Säume von hybridisierten Gesteinen, die unter dem sie bedeckenden Schutt anstehen. Mit anderen Worten, die Feldaufnahme mit Hilfe der Neutronenaktivierung fixiert die Dispersionsaureole des Fluors, die mit der Apatitvererzung zusammenhängt, was auch die geologischen, geochemischen und physikalischen Voraussetzungen annehmen ließen. Bei dieser Gelegenheit sei darauf hingewiesen, daß sich in diesem Falle die Dispersionsaureole über Erzen mit äußerst geringen Apatitgehalten (und demzufolge auch entsprechend geringen Fluorgehalten) befunden hat; das Erz lag an der Grenze der Bauwürdigkeit. Es ist deshalb zu erwarten, daß reichere Apatiterze unter sonst ähnlichen Bedingungen noch intensivere und kontrastreichere Anomalien der Gammaaktivität ergeben.

Einem Gehalt von 0,1% Fluor entspricht ein Zahlenwert von 25 Imp/min gemessener Gammastrahlung für integrale Bedingungen und einer Aktivität der Ionenquelle von 5 Curie. Unter Differentialbedingungen betragen die analogen Zahlenwerte 5 Imp/min bei einer Aktivität der Neutronenquelle von 5 Curie und 10 Imp/min bei einer Strahlungsquelle von 10 Curie Stärke. Die analytischen Möglichkeiten der Feldaufnahme mittels Neutronenaktivierung entsprechen angenähert der lithochemischen Aufnahme mittels der Spektralanalyse auf Fluor oder Phosphor. Was jedoch die Schnelligkeit anbelangt, so übertrifft die Neutronenaktivierungsaufnahme die lithochemische in bedeutendem Maße. Andererseits verweisen die Ergebnisse der durchgeführten Untersuchungen auf die Notwendigkeit, eine größere Vollkommenheit zu erreichen. Sie machen eine Vervollkommnung durch Erweiterung des Sortiments der verwendeten technischen Mittel, durch Erhöhung der Produktivität, der Empfindlichkeit, der Genauigkeit und letztlich auch die Erhöhung der geologischen und ökonomischen Effektivität der Feldaufnahme direkt notwendig.

Die so demonstrierte Einsatzfähigkeit der Feldaufnahme, sowohl unter integralen als auch unter differentialen Bedingungen, macht es möglich, hierzu nicht nur das Universalspektrometer vom Typ SP 3 zu verwenden, sondern auch einfachere integrale Gammaspektrometer analoger Empfindlichkeit. Die erläuterte Art der Feldaufnahme kann auch als Automobilvariante zur Ausführung kommen.

Literatur

BARDOWSKIJ, W. JA.: Aktivierungskarottage bei der Erkundung von Flußspatlagerstätten. In Sammelbd.: Erfahrungen der Anwendung von radioaktiven Methoden bei der Suche und Erkundung nichtradioaktiver Erze. — Gosgeoltechisdat, Moskau 1962.

CHITEW, P. P., & A. A. FEDOROW: Ein tragbares Feldgammaspektrometer zur quantitativen Bestimmung von Radium, Thorium und Kalium. In Sammelbd.: Fragen der Erzgeophysik. — Radiometric, H. 7, Verl. Nedra, Moskau 1966.

FILIPOW, E. M.: Die Frage der kerngeophysikalischen Methoden der Bestimmung von Gesteins- und Erzbestandteilen. In Sonderbd.: Kerngeophysikalische Feldmethoden. — Verl. Nauka, Moskau 1966.

KOSCHELEW, I. P., W. A. KRASNOPEROW, O. W. SCHISCHAKIN, G. I. SCHEPELEW, B. K. SOBATSCHKIN & B. S. KAMYSCHEW: Die Anwendung der spektrometrischen Aktivierungs-Gamma-Karottage auf ^{16}N bei der Erkundung von Lagerstätten fluorhaltiger Rohstoffe. In Sammelbd.: Fragen der Erzgeophysik in Kasachstan. — Nr. 2, Alma-Ata 1968.

KOTOWA, A. I., & I. I. SCHIROKIJ: Die Anwendung der Methode der Neutronenaktivierungsanalyse bei der Beprobung von Fluoritgängen in Tagebauen. In Sammelbd.: Fragen der Geologie des Baikal- und Transbaikalgebiets (4). — H. 2, Tschita 1967.

Autorenkollektiv

Die Anwendung geomorphologischer Methoden bei strukturell-geologischen Untersuchungen

Referiert von WOLFGANG BEYER, Schneeberg

Im letzten Jahrzehnt haben in der Sowjetunion und im kapitalistischen Ausland die geomorphologischen Methoden der Untersuchung junger und älterer tektonischer Strukturen eine weite Verbreitung gefunden. Diese neue Disziplin wurde unter dem Namen morphostrukturelle Analyse oder strukturelle Geomorphologie bekannt.

Der Grundgedanke dieser neuen Richtung beruht auf der Tatsache, daß alle Formen des Reliefs letztlich die Besonderheiten der geologischen Strukturen eines Territoriums widerspiegeln und daß zwischen dem Relief der rezenten Erdoberfläche und dem Aufbau der Strukturen der Erdkruste sowie den in und auf ihr wirkenden endogenen und exogenen Prozessen ein direkter und indirekter Zusammenhang besteht. Das Hauptziel der Morphostrukturanalyse sind deshalb das Auffinden von strukturellen Elementen der Erdkruste im rezenten Relief der Erdoberfläche und in den jüngsten Ablagerungen sowie die Untersuchung ihrer Bildungsgeschichte.

Bereits E. SÜSS erkannte in seinem berühmten Werk „Antlitz der Erde" den engen Zusammenhang zwischen der Orographie der Erde und ihrem geologischen Aufbau. Die später nachfolgenden geomorphologischen Arbeiten (MARTONNE, PENK, DAVIS, PASSARGE, MACHATSCHEK

Aus: Verlag Nedra, 296 S., 85 Abb., 17 Tab., Moskau 1970 (russ.).

u. a.) bauten diesen Gedanken unter Beachtung des dynamischen Prinzips aus, wie z. B. in der sogenannten morphologischen Analyse von PENK.

Die erfolgreiche Entwicklung der morphostrukturellen Analyse begünstigte das Eindringen ihrer Ergebnisse und Methoden in die Praxis der geologischen Sucharbeiten, der seismotektonischen und ingenieurgeologischen Untersuchungen. Die Morphostrukturanalyse ist eine besondere Richtung geomorphologischer Untersuchungen, die nach den Autoren eine selbständige theoretische und praktische Bedeutung besitzt. Gegenwärtig wird nach dieser Methode sehr häufig gearbeitet. Dieser Umstand liefert bereits jetzt einen Beweis für ihre Effektivität. Hierzu gehören vor allem geomorphologische Untersuchungen in Erdöl-Erdgas-Gebieten. So wurden in der Westsibirischen Tiefebene mit Hilfe geomorphologischer Methoden über 100 lokale Strukturhebungen aufgefunden, die eine Perspektive für die Erdölführung aufweisen. Auf diese Weise konnten sogar abbauwürdige Erdöllager aufgefunden werden (Gebiet von Wolgograd u. a.). In anderen Gebieten konnte durch die geomorphologischen Arbeiten ein Zusammenhang der Aktivität der aufgefundenen Morphostrukturen mit den Besonderheiten des Tiefbaus der geologischen Strukturen nachgewiesen werden. Unter Morphostrukturen verstehen die Autoren dabei diejenigen Formen der Erdoberfläche, die durch die tektonischen Bewegungen in ihrer Wechselwirkung mit den Faktoren der Denudation und Akkumulation geschaffen wurden.

Die Untersuchungen zeigten auch das Vorhandensein eines gesetzmäßigen Zusammenhangs zwischen dem Grad der jüngsten Aktivität der Morphostrukturen und der Erdöl-Erdgas-Höffigkeit der sie widerspiegelnden geologischen Strukturen. So wurden z. B. Beziehungen zwischen der rezent anomalen Verteilung von Erdöl-Erdgas-Lagern in Strukturfallen des Wolgograder Gebiets mit den Amplituden ihrer jüngsten Hebungen festgestellt. Die Morphostrukturen mit großer Amplitude waren durch eine anomale Lagerung des Gases in den Strukturfallen charakterisiert. Weiterhin konnte auch die nichttektonische Natur anomal hoher Schichtdrücke in Erdöl-Erdgas-Lagerstätten alpider Geosynklinalgebiete festgestellt werden.

Als Ergebnis der Untersuchungen wurde festgestellt, daß zu den tektonisch hervorgerufenen, d. h. morphostrukturellen Elementen des Reliefs der Erdoberfläche nicht nur große, sondern auch kleinere Formen der Erdoberfläche gehören, die eine Widerspiegelung relativ kleiner geologischer Strukturelemente: Antiklinalen, Mulden und Wälle, darstellen. Ihrem Charakter nach, nach Vorzeichen (positiv oder negativ) und Intensität unterlagen sie unterschiedlichen jüngsten Bewegungen. Zwischen den Morphostrukturen und den jüngsten tektonischen Bewegungen bestehen viele Gemeinsamkeiten, da manche morphostrukturellen Elemente des Reliefs der Erdoberfläche namentlich durch die jüngsten tektonischen Bewegungen gebildet oder umgebildet wurden. Jedoch bestehen zwischen der Morphostrukturanalyse und den eigentlichen neotektonischen Untersuchungen durchaus prinzipielle Unterschiede. Die Objekte der Morphostrukturanalyse sind in erster Linie die Formen des Reliefs und erst in zweiter Linie die tektonischen Bewegungen. Viele Morphostrukturen von Plattform- und Geosynklinalgebieten wurden außerdem durch ältere Bewegungen hervorgerufen und durch die jüngsten Bewegungen lediglich wiederbelebt.

Im vorliegenden Buch werden die verschiedenen Methoden der geomorphologischen Analyse tektonischer Strukturen betrachtet, die in den letzten Jahren besonders bei den Sucharbeiten auf Erdöl und Erdgas sehr häufig Anwendung fanden.

Die geomorphologische Kartierung bildet die wichtigste Grundlage und die erste notwendige Vorbereitung der Morphostrukturanalyse. Aus diesem Grunde erachten es die Autoren für zweckmäßig, die geologischen Aufnahmearbeiten in den Maßstäben 1:200000 und 1:1000000 durch geomorphologische Beobachtungen und entsprechende Karten zu ergänzen. Deshalb werden zunächst die wichtigsten Prinzipien der geomorphologischen Feldaufnahme und die wichtigsten Typen geomorphologischer Karten mit den entsprechenden Legenden dargelegt. Durch die geomorphologische Kartierung können verschiedenartige Elemente des rezenten Reliefs herausgearbeitet werden, die unterschiedliche morphologische Besonderheiten, Genese und Alter haben. Für eine weitere, vollkommenere Kenntnis und allseitige Charakterisierung aller Morphostrukturen, die durch die geomorphologische Kartierung nicht erkannt wurden, sind ergänzende Untersuchungen notwendig, die im dritten Abschnitt systematisch dargelegt werden.

In ihm erfolgt eine Typisierung der morphometrischen Arbeitsmethoden, die sehr wichtige qualitative Parameter für die Kennzeichnung der Morphostrukturen abgeben können. Insbesondere wird hier die Methodik von neun verschiedenen morphometrischen Karten erläutert, wie z. B.: Karten der Intensität der Reliefgliederung, Karten der Neigung der Wasserläufe, Karten der Anomalien der Breite des Hochwasserraums eine Flusses (direkte Abhängigkeit der Breite der Flußtäler und des Längsprofils der Flüsse von der Intensität und Richtung der tektonischen Bewegungen) usw. Weiterhin werden einige typische Beispiele der morphostrukturellen Dechiffrierung und aerovisuellen Beobachtungen angeführt, die die räumlichen Grenzen der Morphostrukturen zu präzisieren erlauben.

Dieser Teil des vorliegenden Werkes wird durch eine Darlegung der Untersuchungsmethodik der Erosionsanschnitte und der Bildungsgeschichte des rezenten Wassernetzes vervollständigt, wodurch nicht nur die Grenzen der Morphostrukturen schärfer gegliedert werden können, sondern auch für die Klärung ihrer Bildungsgeschichte zusätzliche Informationen erhalten werden.

In den ersten vier Kapiteln des vorliegenden Buches sind methodisch jene Tatsachen vereinigt, die der Geomorphologe aus den allgemeinen geomorphologischen Karten erhalten kann. In den folgenden Kapiteln wird der Leser auf die wichtigsten Beispiele der eigentlichen strukturell-geomorphologischen Untersuchung gelenkt. Sie umfassen die Untersuchungsmethodik von Einebnungsflächen, alten Uferlinien, Fluß- und Meeresterrassen und ihre Deformation sowie die Untersuchung der morphostrukturellen Besonderheiten des Schelfs, die morphostrukturelle Analyse von Deltas und äolischen Reliefs.

Die Untersuchung von verdeckten Reliefs und ihrer Strukturbesonderheiten ist eine der wichtigsten Aufgaben der paläogeomorphologischen Arbeiten. Dieser Abschnitt enthält Tatsachen über eine neue, sehr wichtige und perspektivische Richtung der geomorphologischen

Untersuchungen, deren Methodik sich heute noch in der Entwicklung befindet. Dieser Problemkreis wird im vorliegenden Buch insbesondere mit der Untersuchungsmethodik von verdeckten Deltas und Tälern sowie verdeckten Riffs angeschnitten.

Im Ergebnis der Morphostrukturanalyse werden strukturell-geomorphologische Karten zusammengestellt, die eine allseitige praktische Begründung der auftretenden morphostrukturellen Elemente enthalten. Es sind historisch-genetische Karten verschiedener Dimensionen, wobei der Kartenmaßstab in erster Linie von der Aufgabe der Untersuchung, dem allgemeinen geomorphologischen, geologischen und geophysikalischen Untersuchungsgrad des Gebiets, der Gliederung des Reliefs u. a. Faktoren abhängt.

Gegenwärtig erfolgen die morphostrukturellen Untersuchungen im ersten Stadium der geologischen Untersuchung, bei regionalen geologisch-geophysikalischen Arbeiten sowie bei den nachfolgenden geologischen Sucharbeiten, wobei den geologischen Aufnahmetrupps Geomorphologen beigegeben bzw. spezielle Trupps der Geomorphologen gebildet werden.

Der Sinn und die Zweckmäßigkeit morphostruktureller Untersuchungen für die geologischen Aufnahmearbeiten werden von den Autoren anhand der Darlegung von bereits durchgeführten komplexen morphostrukturellen Untersuchungen in einigen Gebieten der Sowjetunion erläutert (Wolga—Ural-Gebiet, Donez-Senke, Timan—Petschora-Gebiet, Transkaukasus, Krim, Mittelasien, Westsibirien und Wiljui-Senke in Jakutien).

Buchbesprechungen

RUTTEN, M. G.

The Geology of Western Europe

Amsterdam, London, New York: Elsevier Publishing Company; 1969. 520 S., 303 Abb., 20 Taf.

Der gegenwärtig schnelle Erkenntniszuwachs auf allen Gebieten der geologischen Wissenschaften macht zusammenfassende Übersichten und Verallgemeinerungen in stärkerem Maße als je zuvor notwendig. Trotzdem bestehen gerade in dieser Hinsicht in der geologischen Literatur noch zahlreiche Lücken. Vor allem sind entsprechende regionalgeologische Werke sehr selten geworden. Eine „Geology of Western Europe", die die neueren stratigraphischen, paläogeographischen und tektonischen Forschungsergebnisse in den westeuropäischen Ländern analysiert, die räumlich-zeitlichen Verbindungen zwischen den verschiedenen geologischen Erscheinungsformen und regionalen Einheiten knüpft und somit einen generellen Überblick über die wichtigsten Fakten der geologischen Entwicklungsgeschichte und des tektonisch-strukturellen Baues dieses Raums vermittelt, ist daher grundsätzlich zu begrüßen.

M. G. RUTTEN gliedert sein Buch nach regionalen Gesichtspunkten in 18 Abschnitte. Einleitend werden die großen Hauptkomplexe im geologischen Bild Westeuropas, die epikontinental-parageosynklinalen Senkungszonen, die als Horste oder Halbhorste aus diesen herausragenden bzw. sie umgrenzenden präkambrischen, kaledonischen oder variszischen Baueinheiten sowie die jungen alpinen Gebirgszüge, charakterisiert. In den Kap. 2 und 3 erfolgt eine Beschreibung der geologischen Verhältnisse des westlichen Fennoskandischen Schilds, der norwegischen Kaledoniden und der kambrosilurischen Tafelsedimente Gotlands, Südschwedens sowie — einschließlich der permischen Porphyrvorkommen — des Oslograbens.

Die Kap. 4 bis 8 sind dem variszischen Europa gewidmet. Eingehender behandelt werden vor allem die Ardennen, das Rheinische Schiefergebirge (einschließlich der Subvariszischen Saumsenke), das Armorikanische Massiv und das Französische Zentralmassiv. Besonderer Wert wird dabei auf die Darstellung der strukturellen Gegebenheiten — der tektonischen Stockwerksgliederung, der orogenetischen Entwicklung sowie der mit dieser verbundenen magmatischen Aktivität und metamorphen Beeinflussung — gelegt. Weniger berührt werden die Stratigraphie der einzelnen Abfolgen, ihre lithologisch-faziellen Besonderheiten und Paläogeographie.

Den weitesten Raum nehmen die Ausführungen über das alpine Europa ein. Mit ihm beschäftigt sich der Autor in den nächsten 8 Abschnitten (Kap. 9 bis 16). Einer Einführung, in der einige Grundbegriffe definiert, Nomenklaturfragen behandelt sowie neuere Theorien älteren gegenübergestellt werden, folgt eine relativ ausführliche Analyse moderner Forschungsrichtungen und -ergebnisse, die das heutige Bild der alpinen Geologie prägen. Die regionale Beschreibung beginnt mit den Schweizer Alpen (Helvetiden, Schweizer Zentralmassive und Penniden). Ihr schließt sich eine recht eingehende Schilderung des geologischen Baues der Französischen Alpen, der Ostalpen und — etwas kürzer — der Südalpen an. Die charakteristischen Wesenszüge der Pyrenäen und der Niederen Provence, ihre Beziehungen zu den Alpen, ihre Haupteinheiten, ihre lithologische Zusammensetzung und ihr struktureller Bau, werden im folgenden Abschnitt erläutert. Interessant und insbesondere für den Vergleich zu ähnlich gebauten, jedoch weniger gut erforschten Gebieten Mitteleuropas von Bedeutung ist der Überblick über das „klassische" Juragebirge, seine orogenetische Entwicklung und sein tektonischer Formenschatz. Abgeschlossen wird der Teil über das alpine Europa mit einer kurzen Darstellung der geologischen Verhältnisse in den Betischen Kordilleren, den Iberischen Ketten und den Catalaniden.

Im Kap. 17 über „Lowlands and Low Plateaus" werden einige spezifische Merkmale der extraorogenen Senken (das Problem der Randtröge, der Charakter der Halokinese und damit im Zusammenhang stehende Fragen), im letzten Abschnitt (Kap. 18) der junge, außeralpine Vulkanismus in West- und Süddeutschland (Eifel, Siebengebirge, Vogelsberg, Rhön, Hegau u. a.) sowie in Frankreich (Cantal, Mont Dore, Chaîne des Puys usw.) und die inneralpine känozoische vulkanische Tätigkeit in Italien (Gebiete um Rom und Neapel, die Inseln Stromboli, Lipari, Vulcano u. a.) beschrieben.

M. G. RUTTEN behandelt in seiner „Geology of Western Europe" im wesentlichen nur — wie aus dem Inhaltsüberblick ersichtlich ist — die orogenetisch geformten Räume Westeuropas. Bau und Entwicklung der postorogenen, epikontinentalen Senken werden nicht oder nur randlich erörtert. Der Schwerpunkt der Darlegungen liegt dementsprechend mehr auf der regionalen Tektonik als auf Stratigraphie und Paläogeographie. Zahlreiche Abbildungen und Profilskizzen weisen auf die Unterschiede zwischen den einzelnen Orogenbereichen hin, eine größere Anzahl kleinmaßstäblicher Kärtchen läßt die regionalen Zusammenhänge deutlich werden. Vieles, was bisher nur in Spezialarbeiten verstreut zugänglich war, hat RUTTEN in übersichtlicher und leichtverständlicher Form zusammengefaßt. Die Arbeit wird deshalb jedem, der sich einen ersten allgemeinen Überblick über die Geologie Westeuropas verschaffen will, eine gute Einführung und nützliche Grundlage für eingehendere Studien sein.

D. FRANKE

CLOUD, P.

Adventures in earth history

San Francisco: W. H. Freemann and Company 1970. XV und 992 S., 345 Abb., $ 8,95

Der erweiterte Untertitel des Buches weist darauf hin, daß mit wichtigen Originaltexten aus den Gebieten Kosmologie, Geologie, Klimatologie, Ozeanographie und Paläobiologie geologische Höhepunkte dargestellt wurden, die für Studenten der Erdgeschichte von Interesse und Bedeutung sind. Sie umfassen Beiträge aus der Zeit von NICOLAUS STENO (1669) bis zur Gegenwart. Auswahl und Zusammenstellung der Arbeiten besorgte PRESTON CLOUD. Die Auswahl berücksichtigt unter den 83 Arbeiten eine aus dem 17. Jahrhundert und fünf aus dem 19. Jahrhundert. Die übrigen 77 Arbeiten wurden zumeist ab 1930, besonders aber in den beiden letzten Dezennien veröffentlicht.

Nach kurzem Vorwort gliedert sich der Inhalt des Buches in zwei Hauptteile. Die einzelnen Arbeiten, denen kurze Hinweise auf wichtige Literatur beigegeben sind, wurden in zehn Kapitel zusammengefaßt, von denen je fünf einem Hauptteil zugeordnet sind. Der Herausgeber hat jedem einzelnen Kapitel eine Einleitung vorangestellt, in der er in die zu behandelnde Problematik einführt. Teil I. ist Fragen der allgemeinen Geologie gewidmet, die unter die Programmpunkte Grundlagen, Vorgänge und Entstehung gestellt sind. Die im Eingangskapitel zusammengefaßten Arbeiten behandeln das Ordnungsprinzip in der Erdgeschichte. Danach folgen Ausführungen über die Entstehung des Weltalls, des Sonnensystems und der Planeten, denen sich Fragen über das Alter der Erde und die geologische Altersbestimmung sowie über Atmosphäre, Hydrosphäre und Klima anschließen. Gedanken zur Differentiation des Erdinnern beenden diesen Teil.

In Teil II. sind unter dem allgemeinen Titel „Die geologische Urkunde" Arbeiten zu Fragen der historischen Geologie ausgewählt. Im einzelnen werden behandelt: die Entwicklung von Biosphäre, Atmosphäre und Lithosphäre in den Frühzeiten der Erdentwicklung; Ausschnitte aus der Geschichte der Pflanzen- und Tierwelt; Ausblicke auf Pflanzen- und Tierleben; Entwicklung, Umgebung, Aussterben und Vorzeitklima; das Auftreten des Menschen, seine Gegenwart und Zukunft.

Die Arbeiten sind vorzugsweise der neueren amerikanischen Literatur entnommen. Ihre Autoren zählen zu den profilierten Vertretern der vorgetragenen theoretischen Auffassungen. Die Beispiele erläutern zumeist Ausschnitte aus der regionalen Geologie Nordamerikas. Dadurch kann das Buch als Hochschullehrbuch seiner doppelten Aufgabenstellung gerecht werden: Es soll eine Quellensammlung zur Erweiterung und Vertiefung von Einführungsvorlesungen in die historische Geologie sein. Außerdem ist es als Grundlage für eine intensivere Beschäftigung mit erdgeschichtlichen Problemen gedacht. Für beides ist es recht gut geeignet.

Dem Herausgeber ist es gelungen, durch geschickte Auswahl der Themen mit vortrefflichen Darstellungen in Text und Bild Probleme aus der Entwicklung der Erde herauszugreifen, die den Leser das „geologische Abenteuer" erleben lassen.

K. DETTE

GUITARD, G.

Le métamorphisme hercynien mésozonal et les gneiss oeillés du massif du Canigou (Pyrénées orientales)

Paris: Bureau de Recherches géologiques et minières, Nr. 63, 1970. 316 S., davon 291 S. Text, 167 Abb., 52 Tab., 16 Bildtaf., 1 geol. Karte, Lit. (316 Titel)

Der Verf. legte seine Arbeit Ende 1965 als Dissertation in Paris vor. In den Ostpyrenäen sind variszische Bauelemente in einzelne Massive zerstückelt, die unter jüngerer Bedeckung ausstreichen oder durch große Verwerfungen getrennt sind. Gesteine aller Metamorphosegrade sind vertreten. Sie reichen von den nur schwach epizonal überprägten Schiefern und Kalken des jüngeren Paläozoikums bis zu den Granat- und Hypersthengneisen der katazonalen Granulitfazies.

Die Untersuchungen im Massiv von Canigou beschränkten sich von Anfang an auf die petrogenetische und strukturelle Evolution des Gebiets im Verlauf der variszischen Orogenese, unter Außerachtlassung der postvariszischen Beeinflussung. Nach Vorwort und kurzer Einführung wird der Stoff in fünf Hauptteilen dargestellt: Überblick über die metamorphe Serie von Canigou; Studium der Metamorphose; Definition der Mineralfazies und der Metamorphosetypen; die Augengneise und andere Gneise nichtpelitischen Ursprungs; variszische Strukturtektonik; Fragen des prävariszischen Untergrunds.

Die geographische und lithologische Einheit der Gneismassive von Canigou und Carança (2280 m) bilden die Achse der katalanischen Pyrenäen. Ein Rahmen stellenweise fossilführender paläozoischer Schiefer umschließt die Gneismassive und die Glimmerschiefer von Balatg. Die Gneise von Canigou liegen zumeist als Augengneise vor, die untergeordnet augenfreie Gneise und Lagen von Glimmerschiefern einschließen. Unter ihnen sind in einem Fenster die Glimmerschiefer von Balatg mit eingeschalteten Marmoren, Glimmerquarziten und Orthamphiboliten aufgeschlossen. Im Massiv von Canigou alternieren Gesteine pelitischen und nichtpelitischen Ursprungs.

Zur Charakterisierung von Mineralfazies und Metamorphosegrad wird zunächst der Chemismus der Glimmerschiefer, Gneise und Chloritschiefer mitgeteilt. Aus den in ihnen auftretenden Mineralien werden Zonen und Subzonen der Mineralfazies der Glimmerschiefer abgeleitet und die Typen des Metamorphosegrads bestimmt. Er ist im Untersuchungsgebiet nicht einheitlich. In Canigou und Carança differieren die Typen durch Stabilitätsunterschiede in der Cordieritzone. Die Staurolithzone reicht im Typ Canigou 300 m tief hinab, im Typ Carança nur 100 m tief. Die Metamorphose ging in beiden Typen bei mittlerem Druck vor sich. Auch Marmore und Kalksilikatgneise sind chemisch und mineralogisch dargestellt und mit ihren Mineralparagenesen, -zonen und -subfazies erörtert. Nach allen Beobachtungen liegt eine Regionalmetamorphose von vorwiegend isochemischem Charakter vor.

Der folgende Teil behandelt die Augengneise und andere Gneise nichtpelitischen Ursprungs, zu denen körnige Gneise, Metagrauwacken, Porphyroide und Granulite gestellt werden. Sie sind aus magmatischen Gesteinen, aus primär feldspathaltigem Material, hervorgegangen. Die körnigen Gneise entstammen der Metamorphose einer in flachem, marinem Milieu entstandenen ursprünglich vulkano-sedimentären Serie, worauf vor allem ihre enge Vergesellschaftung mit den Marmorbänken hindeutet. Damit weisen diese Gneise paläogeographisch auf den kambrischen Vulkanismus in den Ostpyrenäen hin. — Im „Gneis von Canigou" liegen auch die Augengneise. Der Komplex streicht auf weitem Gebiet aus und bestimmt bei Mächtigkeiten zwischen 2200 m im N und 1200 m im E die Formenwelt der Massive von Canigou und Carança. Die petrographische Beschreibung zeigt die verschiedenen Gruppen der Gneise nach ihrer chemischen Zusammensetzung und berücksichtigt insbesondere die Feldspäte. Daraus ergibt sich, daß die Augengneise von Canigou aus der Metamorphosierung eines Granitporphyrs hervorgegangene Orthogneise sind. An ihren Rändern liegen Paragneise nichtpelitischer Herkunft. Beide Gneise ruhen auf einem präkambrischen granitischen Sockel. Den Glimmerschiefern von Balatg sind mehrere Gneise eingelagert, darunter als wichtigster der Gneis von Casemi. Diese linsenförmige Einschaltung gehört zur Basis der paläozoischen Hülle und nicht zum präkambrischen Sockel.

Die tektonischen Erscheinungen werden vom Schliffbild bis zu ihrer großräumigen Auswirkung erfaßt, sie sind in Profilen, Skizzen und Diagrammen dargestellt. Im Massiv von Canigou ergreifen die Faltungen unterschiedliche Bauelemente. Die vor der Verschieferung entstandenen Falten sind in der paläozoischen Hülle entwickelt. Die synorogene Faltung hat den granitischen Sockel mit ergriffen, und schließlich haben mehrere Deformationen die Schieferung und die vorher gebildeten Falten überprägt. Die variszische Regionalmetamorphose kulminierte nach dem orogenetischen Höhepunkt.

Die Existenz eines präkambrischen Sockels ist im axialen Bau der Ostpyrenäen sehr wahrscheinlich. Sein Untergrundeffekt macht sich als Beeinflussung der „thermischen Struktur" der paläozoischen Hülle z. Z. der Metamorphose geltend.

Das Buch bietet einen umfassenden Überblick über die geologische und petrographische Entwicklung eines Gneismassivs im zentralen Teil der Ostpyrenäen. Die Arbeit ist vorwiegend auf die petrologisch-mineralogischen Probleme ausgerichtet, geologische Fragen werden mehr randlich behandelt. Sie vermittelt eine Fülle neuer Fakten, bringt viele Gesteinsanalysen, gibt eingehende Charakterisierungen der Gesteine und ihrer Minerale und zeigt deren Bildung im Rahmen der Stoffgleichgewichte. Der Text ist übersichtlich gegliedert, klar und präzise abgefaßt und durch reiches Material an Tabellen, Diagrammen, Skizzen und Profilen ausführlich erläutert. Besonders ist noch die beigegebene

„Geologische Karte der Massive von Canigou und Carança" im Maßstab 1 : 50000 hervorzuheben, deren Legende in diesem Kristallingebiet nur petrographische Fazies zu verzeichnen hat.

Der Verlag hat in gewohnter Weise den Band drucktechnisch gut ausgestattet. Die Textfiguren sind ausgezeichnet wiedergegeben; die Bildreproduktionen lassen sich bis in Einzelheiten gut auswerten. Das Buch stellt einen beachtlichen Beitrag zum Problem der Gesteinsmetamorphose und zur regionalen Kenntnis der Ostpyrenäen dar. K. DETTE

Autorenkollektiv

ANEP 1970
Jahrbuch der europäischen Erdölindustrie

Hamburg: Verlag Otto Vieth 1970. 520 S., zahlr. Abb. und tabellarische Übersichten, Großformat, Ganzleinen 96,— DM

In bewährter Form und Aufmachung liegt der neue Band ANEP vor. Die einleitenden Beiträge grundsätzlicher Art behandeln diesmal Themen der Mineralölwirtschaft der assoziierten Staaten zu europäischen Gemeinschaften, der Energiepolitik Europas, der Standortverteilung von Mineralölraffinerien in Westeuropa, der westeuropäischen Energieversorgung und der organischen Chemieindustrie in den Jahren 1968/1969.

Der anschließende spezielle Teil bringt Übersichten über den Stand und die Entwicklung einiger wichtiger westeuropäischer Länder auf dem Mineralölsektor. Die Angaben über einige Staaten des sozialistischen Lagers sind recht allgemein gehalten und bringen über das bereits Bekannte hinaus wenig Neues. Die in Tabellenform gehaltenen Statistiken schließen mit dem Jahre 1969 ab.

Den Schluß des Bandes bilden wie bisher ein einschlägiges Firmenverzeichnis mit etwa 3000 Titeln und ein Bezugsquellennachweis mit über 1000 Rubriken. Zusammengefaßt stellt das Buch ein in vieler Hinsicht nützliches Nachschlagewerk dar. K. KAUTER

RÖSLER, H. J., & H.-J. BLANKENBURG

Lagerstätten der Steine und Erden. 4. und 5. Lehrbrief

Freiberg: Verlag Bergakademie 1969. 164 S., Abb. 58—80, Tab. 37—49 bzw. 115 S., Abb. 81—89, Tab. 50—78, Anlage mit 15 Bildern

Nachdem 1968 der erste Lehrbrief über die „Lagerstätten der Steine und Erden" erschienen ist, liegen heute die Briefe 4 und 5 vor. Sie setzen die Ausführungen der vorangegangenen Lieferungen logisch fort. In Brief 4 kommen mit den bereits bekannten Unterteilungen hydrothermale und metasomatisch entstandene Mineralien (Quarz, Fluorid, Baryt etc.) zur Behandlung, ferner Phosphor-, Schwefel- und Borminerale sowie metamorph gebildete Minerale: Disthen, Graphit, Andalusit etc.

Mit Brief 5 beginnt der Hauptteil C: „Einige industrielle Belange im Zusammenhang mit den nutzbaren Gesteinen und Industriemineralen". Er endet mit Kap. 59, in dem spezielle Fragen der Anforderungen der Farben- und Lackindustrie an bestimmte mineralische Rohstoffe zur Behandlung stehen.

Wiederum ist der Text sehr übersichtlich gegliedert, sind die Ausführungen durch Abbildungen und Tabellen sinnvoll ergänzt, werden in seminaristischer Art Fragen gestellt und Antworten erwartet, stehen Zitate über die gängige allgemeinwissenschaftliche Literatur zur Verfügung.

Der Zweck dieser Veröffentlichungsreihe dürfte nicht nur erreicht, sondern überschritten sein, weil selbst Fachleute zur Orientierung und zur Wissensaufbesserung gern nach diesen Lehrbriefen greifen werden. K. KAUTER

JUBELT, R.

Mineralbestimmungsbuch

Leipzig: VEB Deutscher Verlag für Grundstoffindustrie, 1970. 269 S., 218 Abb., 12 Tab., 4 Farbtafeln, 2 einfarbige Taf., 5 Beilagen, 3 Suchtab., 12,— M

Unter dem Gesichtspunkt einer allseitigen Bildung unserer Menschen und einer systematischen Weiterbildung hinsichtlich der Vertiefung bereits gesammelten Wissens wendet sich dieses Buch an alle Freunde der Mineralogie und Gesteinskunde. Im Hinblick auf die immer weiter um sich greifende Einbeziehung neuer Mineralien und mineralischer Rohstoffe in die Lösung von Problemen der wissenschaftlich-technischen Revolution zielt diese Übersicht über etwa 200 wichtige Mineralien auch auf die technisch interessierten Mitmenschen.

Auf der Grundlage der neuesten, international anerkannten Bestimmungen und Erkenntnisse, die in dem „Lehrbuch der speziellen Mineralogie" von A. G. BETECHTIN niedergelegt wurden, vermittelt dieses Buch neben den üblichen Abhandlungen über Mineralien nach Kristallsystem, Kristallform, Chemismus etc. wertvolle Hinweise auf ihre praktische Nutzung. Die Lagerstättenbildung und die Fundorte sind in die Betrachtung mit einbezogen. Die Gliederung nach dem Alphabet erleichtert das Auffinden, die für jedes einzelne Mineral gezeichnete Kristallform (weiß auf schwarz) ermöglicht auf einfache Weise seine Bestimmung.

So entstand ein kleines handliches Buch, das seinen obenangegebenen Zweck wohl erfüllt und Fachleuten und Laien in gleicher Weise gute Dienste leisten wird. K. KAUTER

Autorenkollektiv

La Métallogenie Alpine — Réunion des Géologues du Sud-Est (Grenoble, mars 1967)
(Die alpine Metallogenie — Treffen der Geologen des Südostens (Grenoble, März 1967)

Bulletin du Bureau de recherches géologiques et minières 1969. Géologie appliquée, section II, 1, 1969. 126 S., zahlr. Abb. u. Tab., 9,— fr

Im Rahmen dieser Tagung wurden die weiter unten abgehandelten Vorträge gehalten:

1. P. AICARD, A. AUTRAN, J. GÉRARD & J. LOUGNON

Sur l'âge tertiaire, syntectonique et synmétamorphique du gisement plombozinicifère de Valauria (commune de Tende, Alpes-Maritimes)
(Zum tertiären Alter der syntektonischen und synmetamorphen Blei-Zink-Lagerstätte von Valauria (Gemeinde Tende, Seealpen), S. 5—14

Die Lagerstätte Valauria, die 40000 t ZnS-Konzentrat und 5000 t PbS-Konzentrat produziert hat, tritt in einem Störungssystem auf, das einen kleinen Horst kristalliner Gesteine begrenzt. Dessen Bildung hing mit der Faltung der permischen und triassischen Schichten zusammen. Die Faltung wurde durch die Vertikalbewegungen des Sockels kontrolliert. Eine intensive Schieferung tritt sowohl in den Gesteinen des Sockels als auch im gefalteten Perm auf. Der syntektonische Charakter der Vererzungen in den Störungen wird an Hand des Nachweises des tertiären Alters der Störungen herausgearbeitet. Die Entstehungstemperatur der Erzminerale von 400 bis 350 °C stimmt mit der Temperatur überein, die bei der Metamorphose der Nebengesteine herrschte.

2. B. CABROL & H. DABROWSKI

Géologie et Métallogenie de la Chaîne des Hurtières (Geologie und Metallogenie des Ganges von Hurtières), S. 15—22

Von den Autoren wurde nachgewiesen, daß es sich bei der Gangzone, die eine Quarz-Siderit-Chalkopyrit-Mineralisation mit einigen Millionen Tonnen Erzinhalt führt, um einen einzigen stark gefalteten Gang handelt. Faltung und Schieferung des Nebengesteins sind gleich alt.

3. J. BOULADON & P. PICOT

Sur les minéralisations en cuivre des ophiolites de Corse, des Alpes françaises et de Ligurie
(Über die Kupfermineralisationen der Ophiolite von Korsika, der französischen Alpen und von Ligurien), S. 23—41

Die Kupfermineralisationen in den alpinen Ophioliten treten in vier Lagerstättentypen auf: a) verworfene Erzlinsen im Serpentin (Vigonzano, Ponte Leccia, Monte Catini); b) Gangvorkommen hauptsächlich in Gabbros (Casaluna, San Quilico); c) pyritführender stratiformer Typ in Prasiniten (Frangone, Erbajolo); d) stratiformer Typ in Zusammenhang mit riebeckit- und aegirinführendem Quarzit (St. Veran, Noceta, Vezzani).

Die vier Typen haben sehr ähnliche Paragenesen: Chalkopyrit, Bornit, Pyrit, Sphalerit mit Magnetit, Pyrrhotin, Feldspat und z. T. auch Galenit und Linneit. Die Autoren wiesen auch Telluride: (Hessit, Melonit, Altait und Coloradoit) im Bornit der meisten Lagerstätten nach (Monte Catini, Ponte Leccia, Casaluna, Linguizetta).

Die ökonomische Bedeutung der Lagerstätten ist gering. Die bedeutendsten Lagerstätten treten im Typ a) mit 5000 bis 10000 t Kupferinhalt auf. Die Lagerstätte Monte Catini mit 30000 t Kupfer stellt eine außerordentliche Anreicherung dar, die zahlreiche Charakteristika des Typs a) besitzt.

4. J. MELOUX

Les minéralisations fluorées du massif de Rocheray (Savoie) [Die Fluoritmineralisationen des Massivs von Rocheray (Savoyen)], S. 43—54

Im Tal von Maurienne treten im kristallinen Massiv von Rocheray NE—SW streichende Gänge auf, die alpines Alter besitzen. Zwei dieser Gänge, die von Bois-Feuillet und von Sapey, sind bedeutend und weit aushaltend. Ihre Mächtigkeit beträgt mehrere Meter. Die Paragenese wird von Quarz, Fluorit, Baryt, Calcit, Galenit und Sphalerit gebildet. Es ist eine ausgeprägte vertikale Zonalität vorhanden. Quarz mit Sulfiden dominiert in den tieferen Gangteilen. In mittleren Bereichen herrscht Fluorit vor und in oberen nimmt Baryt sehr stark zu.

5. H. AZAIS, J. BOULADON, P. PICOT & P. SAINFELD

Le problème du nickel dans les serpentines de Corse (Das Problem des Nickels in den Serpentinen von Korsika), S. 55—115

In den Serpentinitmassiven Korsikas wurden nickelhaltiges Eisen (Awaruit) und Nickelsulfide (Pentlandit, Heazlewoodit, Bravoit und Millerit) nachgewiesen. Die ökonomischen Untersuchungen brachten ein negatives Ergebnis. Bemerkenswert ist jedoch der Nachweis einer interessanten intramagmatischen Paragenese mit Nickeleisen, Pentlandit, häufigem Heazlewoodit und dem Auftreten geringer Mengen gediegenen Kupfers und Goldes.

6. G. SABOURDY

Essai d'interprétation des indices de Cuivre connus dans le bassin permien de Brive (Versuch der Interpretation der Kupferindikationen, die im Permbecken von Brive bekannt geworden sind), S. 117 bis 126

Im Permbecken von Brive treten Störungen mit Kupfermineralisationen auf. Die Untersuchungen zeigten niedrige Kupfergehalte in den roten permischen Sedimenten. Nur in einem Horizont mit grauen Schiefertonen und Kalksteinen im oberen Teil des Autun sind relative Kupferanreicherungen vorhanden. Von diesen werden die Kupfermineralisationen abgeleitet. Die Ablagerungsbedingungen des grauen Horizonts werden mit denen des Kupferschiefers verglichen.

J. RENTZSCH

CABY, P.

Gîtes métallifères alpins syntectoniques et métamorphiques dans la zone houillère axiale des Alpes françaises (Briançonnais, Maurienne)

(Syntektonische und metamorphe alpine Buntmetallagerstätten in der axialen Karbonzone der französischen Alpen (Briançonnais, Maurienne), S. 77—101

Das karbonische Grundgebirge der Zone von Briançon enthält zahlreiche kleine Erzlagerstätten, die im wesentlichen Siderit, Sphalerit, Galenit, Chalkopyrit und Pyrit führen. Es wurden zwei morphologische Lagerstättentypen ausgeschieden. Im Gebiet von Briançon treten vertikale Erzkörper auf, und in Savoyen sind schwach einfallende vorhanden, die parallel zur regionalen Transversalschieferung liegen.

Die Paragenesen sind in beiden Typen gleich, aber im zweiten Typ wurden die Erzkörper gefaltet, zerschert und boudiniert. Die Sulfide dieser Lagerstätten rekristallisierten während der alpinen Metamorphose. Diese syntektonische und posttektonische Rekristallisation ergab neue Erscheinungsbilder, die typisch für eine metamorphe Genese sind. Die Überprägung der Sulfidparagenesen wurde von der Bildung einer neuen Gangartparagenese begleitet. Sterile „alpine Gänge" mit Quarz II, Albit, Chlorit und Kalzit traten später auf und durchsetzten die Erzkörper. Es handelt sich um hydrothermale Vorkommen, die ihren Metallinhalt möglicherweise lateralsekretionären Vorgängen verdanken.

J. RENTZSCH

BURNOL, L.

Le Béryllium (Beryllium)

Bulletin du Bureau de recherches géologiques et minières 1968. Géologie appliquée, section II, 2, 1968, S. 1—75

Der Verf. hat eine Monographie über das Element Beryllium an Hand der gegenwärtigen Kenntnisse zusammengestellt. Der Kenntnisstand wird nach der vorhandenen Literatur und den Ergebnissen der entsprechenden Arbeiten des BRGM in Frankreich dargestellt. Es werden Angaben über die Mineralogie, die Geochemie und die Lagerstätten des Berylliums und deren Verbreitung gemacht. Neben den klassischen Pegmatitvorkommen werden pneumatolytisch-hydrothermale und hydrothermale Vorkommen beschrieben. Besonderer Wert wurde auf die Beschreibung der Indikatoren der in Frankreich vorhandenen Vorkommen gelegt. Die letzten Abschnitte befassen sich mit den Untersuchungs- und Bewertungsmethoden der nachgewiesenen Vorräte. Es werden die Erze beschrieben und Angaben über Aufbereitbarkeit und Verwendung gemacht. Weiterhin werden Angaben über die Weltvorräte und die Weltproduktion von Berylliumerzen und Berylliummetall gemacht. Eine ausführliche Literaturangabe ergänzt die Arbeit. J. RENTZSCH

SAWKEWITSCH, S. S.

Jantar (Bernstein)

Verlag Nedra, Leningrad 1970, 189 S.

Es wird eine monographische Bearbeitung des Bernsteins mit folgender Gliederung vorgelegt:

1. Kap. Geschichte der Bernsteinforschung (50 S.);
2. Kap. Lagerstätten des Bernsteins (15. S.);
3. Kap. Ausbildung des baltischen Bernsteins (13. S.);
4. Kap. Physikalische und chemische Eigenschaften des Bernsteins (76 S.);
5. Kap. Besonderheiten der Harzfossilisation usw. (13 S.);
6. Kap. Verwendung des Bernsteins (10 S.).

Abgeschlossen wird die Arbeit durch mehr als 200 Literaturzitate. Von besonderem Interesse sind moderne Angaben zur Mineralogie und Mineralchemie des Bernsteins, wobei auf die Vielzahl elektronenmikroskopischer Aufnahmen, UR-Spektrogramme, DTA-Diagramme usw. hingewiesen sei. Ein Büchlein, das Erdöl- und Kohlengeologen sowie auch Mineralogen und Geochemikern zur Lektüre und zum Nachschlagen zu empfehlen ist. H. J. RÖSLER

BLACK, R. M.

The Elements of Palaeontology

London: Cambridge University Press 1970. 339 S., 202 Abb., 4 Taf., 45 sh

Mit den „Elements of Palaeontology" liegt ein neues Buch vor, das interessierte Laien, Schüler und Studenten in die Paläontologie einführen will. Es wendet sich also vor allem an Personen, die einige Grundkenntnisse auf diesem Gebiet benötigen oder zu erlangen wünschen, ohne selbst als Spezialisten tätig werden zu wollen.

Diesem Anliegen entspricht der Aufbau des Buches. Die einführenden vier Kapitel behandeln in sehr gestraffter Form grundlegende Fragen, wie die Grundzüge der taxonomischen Gliederung der Lebewelt, die Erhaltungsformen und das Vorkommen von Fossilien und die Fossilien als Indizien für die zu ihrer Lebenszeit herrschenden Umweltbedingungen. Die Kap. 5—19 geben einen Überblick über die Hauptgruppen der Invertebraten und Vertebraten sowie der Pflanzen. Jeder großen Gruppe (z. B. den Bivalvia oder den Cephalopoda) ist ein Kapitel gewidmet. Auf jeweils wenigen Seiten werden die wichtigsten morphologischen Ausbildungsformen der Hart- und Weichteile und die entsprechenden Termini besprochen, werden Ausführungen zur Lebensweise und zu ihrem Einfluß auf die Gestaltung des Körpers (besonders der Hartteile) gemacht und wird schließlich ein Überblick über die Entwicklung der Gruppe in der geologischen Vergangenheit gegeben. Da dieses Buch kein Bestimmungsbuch sein will, werden jeweils nur wenige fossile Gattungen angeführt und durch Abbildungen belegt. Dagegen wird versucht, in dem Benutzer des Buches das

Verständnis für die Wechselbeziehungen zwischen der Gestaltung der Organismen und ihrer Lebensweise, für das Verhältnis zwischen Organismus und Umwelt zu wecken. Diesem Ziel dient auch das relativ ausführliche Eingehen auf rezente Vertreter der Gruppen und deren Lebensweise. In diesem Sinne vertritt das Buch ein sehr aktuelles Anliegen. Das abschließende Kapitel bringt (auf allerdings nur 6 Seiten) einige Bemerkungen zur Herkunft des irdischen Lebens und zu seiner Entwicklung.

Die Ausstattung mit Abbildungen ist gut und — gemessen am angestrebten Ziel — ausreichend. Die Strichzeichnungen sind klar und instruktiv (sie zeigen jeweils den grundlegenden morphologischen Bau), die Fotos sind überwiegend sehr gut. Der größte Teil der Abbildungen wurde für das Buch neu geschaffen. Die Sprache ist knapp und sachlich, ohne sich in Weitschweifigkeiten zu verlieren, die Gliederung ist übersichtlich. Für den obengenannten Personenkreis gibt das Werk eine ausreichende und moderne Einführung in die Paläontologie. Ein etwas stärkeres Eingehen auf die Beiträge der Paläontologie zur Evolutionstheorie und damit zum modernen Weltbild wäre wünschenswert gewesen. Der Spezialist wird sich an vielen auch ästhetisch schönen Photographien erfreuen. J. Gründel

Autorenkollektiv

Deep Sea Drilling Project: Leg 13

„Geotimes", **15**, Nr. 10, 12—15; Dez. 1970

Die 13. Bohrreise des Bohrschiffs „Glomar Challenger" dauerte vom 13. August bis zum 6. Oktober 1970 und galt der Untersuchung der tektonischen und Sedimentationsverhältnisse des Mittelmeerbeckens, ihrer Bedeutung für die Gebirgsbildung und für die Entstehung kleiner ozeanischer Becken. Mit dem Niederbringen von Bohrungen in einem stark gegliederten, ringsum von Landmassen umgebenen Geosynklinalbecken hoffte man, den Interessen von Ozeanographen und von Kontinentalgeologen in gleicher Weise entgegenzukommen. Von den teilnehmenden zehn Wissenschaftlern kamen acht aus westeuropäischen Ländern und einer aus Osteuropa.

An den 15 Bohrpunkten 120 bis 134 wurden 28 Bohrungen von insgesamt 6277 m Länge in Wassertiefen von 1163 bis 4654 m niedergebracht. Davon wurden 1425 m gekernt und 640,3 m in 183 Bohrkernen, entsprechend einem Kernausbringen von 45%, ausgebracht. Die Eindringtiefen der Bohrungen schwankten zwischen 11 und 867 m.

Eines der überraschendsten Ergebnisse war die Feststellung von Überschiebungstektonik im östlichen Mittelmeer. Im Hellenischen Trog wurde Unterkreide durchbohrt, deren Kalke und Dolomite durch Orbitolina in das Apt—Barrême eingestuft werden konnten. Die Bohrung 127 endete in flachgelagertem pelagischem Schlamm des mittleren Pliozäns. Am Bohrpunkt 130 im Levantinischen Becken zeigte sich, daß der Mittelmeer-Rücken bis zum mittleren Pleistozän einem ausgedehnten tiefen Nilbecken angehörte. Der Bohrpunkt 129 war am Rande des Strabograbens angesetzt. An dem vor Portugal auf der Gorringebank gelegenen Bohrpunkt 120 wurde ein weiterer Beweis für die symmetrische Ausbreitung des Atlantiks geliefert.

Das Alter der Evaporite, die das Mittelmeer unterlagern, durch diapirartige Strukturen gekennzeichnet und als Horizont M geophysikalisch weithin verfolgbar sind, konnte durch eingeschaltete fossilführende Horizonte als Obermiozän erkannt werden. Lediglich im Bereich des Bohrpunkts 131 erwies sich dieser wichtigste Reflektor als zementierter Sandstein des Spätquartärs.

In Verbindung mit einigen der Evaporite zeigten sich stellenweise diatomeenhaltige Ablagerungen, die auf zeitweilige Frisch- oder Brackwasserverhältnisse innerhalb des Mittelmeers hinweisen. Die Evaporite im Ionischen, Tyrrhenischen Meer und vermutlich auch in anderen Teilbecken des Mittelmeers wurden durch eine plötzliche Transgression im Unterpliozän überflutet. Einige pliozäne pelagische und sämtliche quartären Folgen zeigen Tuffeinschaltungen als Beweis für vulkanische Bildungen in jüngerer Zeit.

Örtlich läßt sich zwischen dem Pliozän und Pleistozän ein Hiatus erkennen, während dem submarine Kanäle eingeschnitten wurden, vor allem in die mächtigen mediterranen Evaporite. Im unteren Teil einer tiefen Schlucht des östlichen Mittelmeers wurden marine Kalke des Mittelmiozäns und Sandsteine mit Kreuzschichtung unterhalb der Evaporite angetroffen. Demnach war das östliche Mittelmeer im Mittelmiozän noch ein normales marines Becken, ehe im Obermiozän evaporitische Ablagerungen entstanden. Seit dem frühen Pliozän herrschten wieder normale marine Verhältnisse. Im Quartär ließen sich kurze Intervalle feststellen, in denen stagnierende Wässer zur Bildung von Sapropeliten Anlaß gaben. H. Reh

GMELINs Handbuch der anorganischen Chemie
System Nr. 68, Ruthenium, Ergänzungsband

Weinheim/Bergstraße: Verlag Chemie GmbH, 694, 1970. VI, XVIII, 586 S., 86 Abb., Leinen 689,— DM (empf. Richtpreis)

Es handelt sich um den Ergänzungsband zur 1938 erschienenen 8. Auflage. Die Literatur ist bis 1968 berücksichtigt. In speziellen Fällen sind auch Arbeiten aus dem Jahre 1969 aufgenommen, d. h. bis ein Jahr vor dem Erscheinungsdatum, was bei der anschwellenden und weitverstreuten Literatur bemerkenswert und besonders erfreulich ist.

Der Band behandelt in zusammenfassender Weise den Stoff in drei Hauptabschnitten. Der erste ist dem Element gewidmet. In Kapitel unterteilt werden physikalische Eigenschaften, elektrochemisches und chemisches Verhalten, Nachweis und Bestimmung, Darstellung, Abtrennung und Anreicherung von Ru-Isotopen und die Verwendung des Elements beschrieben. Auf das Element folgen die Legierungen, die noch vor einigen Jahren kaum Bedeutung hatten, jedoch heute als Katalysatoren für Hydrierungsreaktionen eine wichtige Rolle spielen. Der letzte Hauptabschnitt behandelt die Verbindungen, wobei den zahlreichen Nitrosylverbindungen und den Verbindungen mit neutralen und innerkomplexbildenden Liganden besonders breiter Raum gewidmet ist. Ihnen folgen die Carbonylverbindungen und die metallorganischen Verbindungen.

Auf 565 Seiten bringt das Werk ein ungeheures Material; die Anordnung ist übersichtlich und ermöglicht eine ausgezeichnete Orientierung über die Chemie des Rutheniums. Am Schluß des Buches verfügen die Hauptabschnitte über ein alphabetisches Sachregister und die neutralen und innerkomplexbildenden Liganden über ein Formelverzeichnis.

Eine Besprechung im einzelnen ist nicht möglich, doch bestätigen Stichproben die Zuverlässigkeit der Angaben. Das Handbuch gehört zu den Informationsquellen, die man nicht nur in chemischen Bibliotheken finden sollte; es ist ein wertvolles Nachschlagewerk. G. Friese

Schwarzbach, M.

Berühmte Stätten geologischer Forschung

Stuttgart: Wissenschaftliche Verlagsgesellschaft mbH 1970. Bücher der Zeitschrift „Naturwissenschaftliche Rundschau", IX u. 320 S., 270 Abb., 9 Tab., 1 Taf., 58,— DM

Die geologischen Erscheinungen auf der Erde sind vielgestaltig in Form, Alter und Entstehung. Zahlreiche von ihnen wurden auf Grund ihrer gigantischen Ausmaße, ihrer bizarren Formen oder ihrer Seltenheit zu touristischen Attraktionen, andere wiederum stellen bedeutende Marksteine in der Geschichte der geologischen Forschung dar. Mit einer kleinen, zwangsläufig nach subjektivem Ermessen getroffenen Auswahl derart berühmt gewordener Naturdenkmäler macht M. Schwarzbach die Leser — unter denen sicherlich nicht nur Geologen zu finden sein werden — in vorliegendem Buch bekannt.

Von den durch Erosion und Deflation entstandenen markanten Felsgebilden werden die aus dem variszischen Riesengebirgsgranit merkwürdig herausgewitterten Dreisteine (VR Polen), der sich über denudierten mesozoischen Sedimenten schroff emporhebende tertiäre Phonolithporphyr des Devils Tower („Teufels-Turm") im Staate Wyoming (USA), das Wahrzeichen von Rio de Janeiro, der aus präkambrischen Gneisen des Brasilianischen Schildes aufgebaute Zuckerhut, sowie Ayers Rock, der einzigartige Inselberg in Zentralaustralien, beschrieben. Unter den bedeutendsten Tälern der Erde sind der Große Cañon des Colorado (USA-Staat Arizona) und das Yosemitetal in Kalifornien aufgeführt, unter den berühmtesten Wasserfällen der Niagarafall an der nordamerikanisch-kanadischen sowie die Iguaçuwasserfälle an der brasilianisch-argentinischen Grenze, die Victoriafälle in Südafrika und — in seinen Ausmaßen weit geringer — der Rheinfall von Schaffhausen in der Schweiz. Die Adelsberger Grotte und die Höhlen von St. Kanzian in Slowenien sowie die Blaue Grotte von Capri werden als Beispiele imposanter Höhlenbildung genannt. Ausführungen über geologisch bemerkenswerte Seen (Totes Meer, Plitvitzer Seen im Kroatischen Karst) oder Sümpfe (Everglades in Florida) fehlen ebensowenig wie über interessante Gletscher (Fox-Gletscher in Neuseeland), über große rezente und fossile Korallenriffe (Heron Island an der Ostküste Australiens und die triassischen Riffe der Dolomiten) und über bekannte Kaps (Kap der Guten Hoffnung in Südafrika).

Als Zeichen tektonisch-magmatischer Aktivität in vergangener und heutiger Zeit werden drei Erdbebenzentren der pazifischen Ostküste, die Vulkane Vesuv (Italien) und Kilauea (Hawaii), die Lakikrater auf Island und der Pic von Teneriffa auf den Kanarischen Inseln, einige erloschene Vulkane Europas (Chaîne des Puys in der Auvergne, Maare der Eifel, Giants Causeway in Nordirland) sowie der Große Geysir (Island) und die Geysire im Yellowstonepark (USA) beschrieben. Auch Meteoritenkrater (Arizonakrater und Nördlinger Ries) werden erwähnt. Ein Überblick über berühmte Bergwerke, Fossilfundpunkte und Museen beschließt das interessante, leichtverständliche und mit zahlreichen guten Fotos sowie erläuternden Zeichnungen ausgestattete Werk.

D. Franke

Sosnowskaja, R. J.

Einige Fragen der Herstellung einer temperatur- und salzbeständigen Spülung (mit org. Siliziumverbindungen)

„Aserbaid. neft. chos.", Baku 1969, 48, 11, S. 16–17

In einer kurzen, aber interessanten Notiz wird auf den möglichen Einsatz von organischen Siliziumverbindungen in thermostabilen, elektrolytgeschädigten Spülungen hingewiesen. Schwierigkeiten bereitet der Einsatz in das wäßrige Spülungsmedium, da die Polyorganosiloxane nicht wasserlöslich sind und als Emulgierung eingesetzt werden müssen. Anhand von graphischen Darstellungen wird nachgewiesen, daß beim Einsatz der Siliziumverbindungen keine Stabilisierung der Tonspülung (Senkung der Wasserabgabe) auftritt. Erst bei Kombination mit CMC werden die hervorragenden Eigenschaften der Siliziumverbindungen, das sind die Stabilität gegen Oxidation, Hydrolyse und Temperaturen von 250 bis 350 °C, wirksam. Es konnten ausgesalzene Spülungen bei Temperaturen von 180 bis 200 °C laborativ hergestellt werden.

B. Heyne

Bischof, G., & W. Gocht (Hrsg.)

Das Energiehandbuch

Braunschweig: Verlag Vieweg 1970. 306 S., zahlr. Abb. u. Tab., Format 21 × 27,5 cm, 96,— DM

Die Energiefrage hat für die Menschheit eine zentrale Bedeutung. Bedenkt man, daß sich der Energieverbrauch allgemein innerhalb der nächsten zehn Jahre verdoppeln wird, dann erhält das Problem der Gewinnung von neuer Energie ein ungeheures Gewicht. Wie die Frage gelöst werden kann, wenn um die Jahrhundertwende sechs bis sieben Milliarden Menschen die Erde bevölkern, ist noch gar nicht abzusehen.

Unter solchen Gesichtspunkten kommt das Erscheinen eines solchen Handbuchs wie des vorliegenden zum rechten Zeitpunkt. In wissenschaftlich-technischer und in naturwissenschaftlicher Sicht wird hier das Terrain sondiert hinsichtlich der bisherigen Entwicklung, hinsichtlich der mineralischen Rohstoffe als Energieträger und im Hinblick auf die Perspektiven. Es ist eine Fülle von Material zusammengetragen und geordnet worden, das Einblick in die Entwicklung der Energiewirtschaft gewährt. Allerdings ist dieser Einblick lückenhaft, weil die Basis der Untersuchungen viel zu eindeutig mit den Verhältnissen der kapitalistischen Länder zusammenfällt. Orientierungszahlen über die Lage in den sozialistischen Ländern allein genügen nicht. In ihnen hat ein derartiger umfassender und in sich selbst differenzierter Prozeß im Hinblick auf die Lösung großer Menschheitsfragen begonnen, der nicht übersehen oder übergangen werden darf.

Abgesehen davon aber bietet dieses Buch eine für bestimmte Teile der Erde durchaus brauchbare Grundlage zur Orientierung über Lagerstätten und Vorräte an Energierohstoffen, über ihre geologische Entstehung, Erkundung, Gewinnung, ihren Transport und die Verwendung.

Die zahlreichen Abbildungen, Tabellen und Zeichnungen stellen eine wertvolle Ergänzung des Textes dar. Ein Sachverzeichnis schließt das Buch ab.

K. Kauter

Neuerscheinungen und Literaturhinweise

Agoschkow, M. I., u. a.

Der Abbau von Erz und nichterzhaltigen Lagerstätten
Moskau: Verlag Nedra 1970. 456 S., 267 Abb., 30 Tab.

Bolschakow, A. Ju.

Eine röntgenradiometrische Untersuchung der Gesteinszusammensetzung
Moskau: Atomisdat 1970. 135 S., 47 Abb., 23 Tab., 111 S. Lit.

Bondarenko, W. N.

Statistische Lösungen einiger Aufgaben aus der Geologie
Moskau: Verlag Nedra 1970. 248 S., 27 Abb., 106 Tab.

Borkow, W. S., & Ju. P. Konschina

Die Suche und Erkundung von Baumateriallagerstätten mit geophysikalischen Methoden
Moskau: Verlag Nedra 1970. 149 S., 60 Abb., 16 Tab., 34 S. Lit.

...

Die Schelfe. Stand des Problems und Forschungsperspektiven
Leningrad: 1969. 130 S., 4 S. Lit., Fotokopie 29/71, Zentralbibliothek des Zentralen Geologischen Instituts, Berlin

...

Geologie und Ausbeutung von Erdöl- und Erdgaslagerstätten
Moskau: Verlag Nauka 1969. 214 S., getr. Abb., Tab., Lit.

Nikitin, K. K., & A. A. Glaskowskij

Nickelhaltige Verwitterungskrusten von Ultrabasiten und die Methoden ihrer Untersuchung
Moskau: Verlag Nedra 1970. 213 S., 17 Abb., 108 S. Lit.

Kirjukow, W. W.

Methoden der Untersuchung des Stoffbestandes fester mineralischer Brennstoffe
Leningrad: Verlag Nedra 1970. 238 S., 53 Abb., 28 Tab., 126 S. Lit.

...

Metallogenie sedimentärer und sedimentär-metamorpher Gesteine
Moskau: Verlag Nauka 1970. 296 S.

Mussin, R. A.

Formationen der Erzmetasomatite und metallogene Besonderheiten des Almalyker Gebiets
Taschkent: Verlag Fan 1970. 212 S., 28 Abb., 28 Tab.

...

Proceedings of the symposium on the granites of West Afrika
Paris: UNESCO 1968. 162 S., getr. Abb., Tab., Lit.

Rosen, B. J.

Geochemie des Broms und Jods
Moskau: Verlag Nedra 1970. 144 S., 31 Abb., 77 Tab.

...

Seltene Elemente. Rohstoffe und Ökonomik
Moskau: Verlag IMGRE 1969. 162 S.

Informationen

Erfolgsaussichten beim Aufschluß neuer Erdöllagerstätten

Nordamerikanische Erdölgesellschaften haben in letzter Zeit eingehende Studien über die Erfolgsaussichten beim Aufschluß neuer Erdölgebiete ausgearbeitet. Danach ist von besonderer Bedeutung die Erschließungsdauer. In fünf geologischen Großbecken der USA mit 123 Großfeldern waren 32% nach 5, 43% nach 10 und 22% nach 20 Jahren Suche und Erkundung gefunden.

Hinsichtlich des jeweiligen Fundumfangs kann man sich auf den knappen Hinweis beschränken, daß pro Bohrfuß Aufschlußbohrungen an neuen Vorräten in Barrel etwa erschlossen werden:

in Nordamerika und Europa eine 2stellige Ziffer,
„ Südamerika „ 3stellige Ziffer,
„ Afrika „ 4stellige Ziffer,
„ Nahost „ 5stellige Ziffer.

In den Staaten des Nahen Ostens findet eine Aufschlußbohrung also ständig rund 1000mal soviel Vorräte wie in Nordamerika.

Fündigkeitsrate beim Aufschluß neuer Erdöllagerstätten

Einer der wichtigsten Risikofaktoren beim Aufschluß neuer Erdöllagerstätten ist die Fündigkeitsrate. In bekannten Erdöl- und Erdgasfeldern ist sie kaum niedriger als 75 bis 85%. Bei reinen Aufschlußbohrungen liegt sie meist zwischen 10 und 20%. In den USA fiel sie in den letzten 20 Jahren von 11,5 auf 10%. Sonst wurden vor 1965 folgende Fündigkeiten erzielt: Frankreich 5%, Westeuropa 14%, Westkanada 27%, Libyen 30%, Holland 35%, Nigeria 60%, Saudi-Arabien 75%. In Westdeutschland führten 1946 bis 1968 rund 1500 Aufschlußbohrungen zu etwa 190 registrierten Funden, was einer Fündigkeitsrate von 12,7% entspricht. Berücksichtigt man, daß sich von dieser Ziffer etwa 35 Funde als nicht entwicklungswürdig erwiesen, reduziert sie sich auf 10,3%.

Schließt man eine Selektion nach geologisch-wirtschaftlichen Gesichtspunkten aus, könnte man die Häufigkeitsverteilung auch nach den Prinzipien der Wahrscheinlichkeitsrechnung ermitteln. Nachstehende Tabelle, dem Energiehandbuch 1970 entnommen, zeigt, wie hoch die Fundwahrscheinlichkeit für verschiedene Fälle ist.

Bei 10 Bohrungen (10% Fundrate)		Bei 5 Bohrungen (20% Fundrate)	
fündig	wahrscheinlich	fündig	wahrscheinlich
0	34,9%	0	32,8%
1	38,8%	1	41,0%
2	19,4%	2	20,5%
3	5,7%	3	5,1%
4	1,1%	4	0,6%
5	0,15%	5	0,03%

Daß bei einer Fündigkeitsrate von 10% nach 22 Fehlbohrungen (bzw. 44 Fehlbohrungen) doch noch eine Fundbohrung folgt, ist nur zu 10% (bzw. 1%) wahrscheinlich.

Kosten von Offshorebohrungen

Bis 1980 werden die technischen Voraussetzungen geschaffen sein, in 1000 bis 2000 m tiefem Wasser nach Erdöl und Erdgas zu bohren. Wie hoch sich die Kosten belaufen werden, läßt sich daraus erkennen, daß die Entwicklung eines Ölfelds in 300 m tiefem Wasser etwa das 2- bis 5fache gegenüber einem solchen in 30 m Wassertiefe kostet. Bei einem Anstieg der Offshoretätigkeit von jährlich etwa 15%, ausgehend von einem derzeitigen Einsatz von 200 Bohranlagen (USA), wird man dort bis 1980 etwa 25 Mrd. Dollar in diese Arbeiten investieren müssen.

Erdöllagerstätten vor Norwegens Küste

Der jüngste Erdölfund westlich des norwegischen Offshorefeldes Ekofisk bestätigte die Vermutung, daß im Raum zwischen der norwegischen und der schottischen Küste eine der ergiebigsten Erdöllagerstätten Europas entdeckt worden ist. Mit der Aufschlußbohrung West Ekofisk 2/4-5 X, etwa fünf Meilen westlich des Feldes Ekofisk, wurde ein 180 m mächtiger Speicherhorizont angefahren, der an eine separate geologische Struktur gebunden ist. Bei Förderversuchen flossen etwa 1300 t Rohöl täglich zu. Das leichte Öl hat ein spez. Gewicht von 0,809 und einen sehr niedrigen Schwefelgehalt.

Eisenerz in Europa

Fachkreise schätzen bei einer Vorschau auf das Jahr 1975, daß weniger als die Hälfte des europäischen Bedarfs an Eisenerz — ohne die UdSSR — , gemessen am Eisengehalt (194 Mill. t Fe von 297 Mill. t Erz), aus europäischen Gruben gedeckt werden kann. Dabei wird das Ausmaß der Produktion, die aus europäischen Lagerstätten aufgebracht werden kann, mit 153 Mill. t Erz beziffert. Darin sind 96 Mill. t Erz mit einem Phosphorgehalt von über 0,2% P enthalten.

Kupferproduktion und Kupfervorräte in Chile und Peru

1. Chile

1969 betrug die Produktion 720751 metr. t und wies damit gegenüber 1968 eine Steigerung von 9,4% auf. Der sogenannte Große Bergbau (darunter versteht man Betriebe mit einer installierten Kapazität von mehr als 75000 t Cu/Jahr) war daran mit rd. 540000 t = ca. 75% beteiligt.

Nach Unterlagen der Corporacion del Cobre, Santiago de Chile, Juni 1970, soll sich die Produktion wie folgt entwickeln:

Lagerstätte	1970	1971	1972
	(Feinkupfer in 1000 t)		
Chuquicamata	293,7	355,0	390,0
El Salvador	100,0	112,5	112,5
El Teniente	235,0	302,0	302,0
Exótica	47,5	112,5	112,5
Andina	11,4	66,8	66,8
Sagasca	—	—	28,7
Mantos Blancos	33,1	33,1	34,2
Grupo Disputada	44,5	44,5	44,5
Carolina de Michilla	—	3,4	6,8
La Africana	3,6	1,8	1,8
ENAMI	59,7	87,8	91,2
direkt exportierende mittlere und kleine Betriebe	30,0	30,0	30,0
insgesamt	858,5	1149,4	1221,0

Die mit der Kupfergewinnung gekoppelte Molybdänproduktion betrug 1969 4842 t. Sie soll sich wie folgt gestalten:

	Chuquicamata	Salvador	El Teniente	Andina	insges./Jahr
1970	2500 t	1500 t	2350 t	—	6350 t
1971	3150 t	1575 t	3240 t	—	7965 t
1972	3250 t	1575 t	3240 t	450 t	8515 t

Die Molybdänanlage von Andina befindet sich z. Z. im Bau und wird wahrscheinlich im Januar 1972 in Betrieb genommen.

Die Vorratsangaben schwanken in der Literatur beträchtlich. Für das ganze Land werden Zahlen zwischen 39 bis

92 Mill. t genannt. Die Hauptlagerstätten sollen folgende Mengen beinhalten:

Lagerstätte	Mill. t Erz	Mill. t Kupfer
Chuquicamata	875,0	14,0
El Teniente	600,0	11,4
El Salvador (Indio Moerto)	300,0 (375,0)	4,8 (5)
La Exótica	150,0 (155,0)	2,025 (2,8)
Rio Blanco	50,0 (120,0)	1 (1,9)
Andacollo	100,0	1,5
Sagasca	3,0 (8,0)	0,090 (0,240)
Mantos Blancos	10,5 (20,0)	0,200
La Africana	2,5	0,088

2. Peru

Die Produktion betrug 1969 194600 t Cu und 1000 t Mo. Der vorgesehene Ausstoß für 1970 wurde mit 234000 t beziffert. Die wichtigsten derzeitig in Produktion stehenden Lagerstätten sind Toquepala (145000 bis 160000 t Cu/Jahr) und Cobriza (rd. 10000 t/Jahr). Es ist vorgesehen, bis 1972/1973 die Produktion zu verdoppeln und in weiteren drei bis vier Jahren gegenüber dem Stand von 1969 zu verdreifachen. Es gibt Unterlagen, die schon für 1975 mit einer Höhe von 667000 t Cu rechnen.

Der genannten Steigerung der Produktion liegt zunächst der Aufschluß der Lagerstätten Cuajone mit 144000 t Cu/Jahr und Cerro Verde mit 50000 t Cu/Jahr zugrunde. In einer zweiten Etappe ist vorgesehen, die Lagerstätten Quellaveco mit 50000 t/Jahr, Morococha mit ebenfalls 50000 t Cu/Jahr und Michiquillay mit 130000 t Cu/Jahr in Produktion zu nehmen.

Nach der bisher bekannt gewordenen Literatur schwanken die Angaben über die Landesvorräte zwischen 10 bis 25 Mill. t Cu. Bei der erstgenannten Zahl soll es sich um sichere Vorräte handeln.

Für die Hauptlagerstätten werden folgende Zahlen genannt:

	Erz Mill. t	Kupfer t
Cuajone	468	4680000
Toquepala	400	4000000
Michiquillay	450–500	3750000
Morococha	330	2510000
Antamina	150	2250000
Quellaveco	200	1900000
Cimarron	250	1800000
Toro Mocho	183	1460000
Cerro Verde	61	610000

W. JUNG

Nickelgewinnung in der Malagassischen Republik

Der Abbau der großen Nickellagerstätte im Gebiet von Moramanga, östlich von Tananarive gelegen, wird in Angriff genommen. Die industrielle Nutzfähigkeit der Erze beginnt bei 1,2%. In den bisher untersuchten Proben sind Gehalte zwischen 1,8 und 2,0% festgestellt worden. Somit dürfte diese neuentdeckte Nickellagerstätte in der Malagassischen Republik noch bedeutender sein als die gegenwärtig bereits in Abbau befindliche Lagerstätte (zusammen mit Chromit) von Andrianame im Norden des Hochplateaus.

Bedeutende Uranerzlagerstätte in Australien

In Sydney sind vor kurzem weitere Einzelheiten über den großen Uranerzfund im Nordterritorium bekanntgegeben worden. Obwohl das ganze Ausmaß der Lagerstätte noch nicht bekannt ist, steht schon fest, daß es sich um den größten australischen Mineralfund des vergangenen Jahres handelt. Die Lagerstätte liegt in der Nähe der Missionsstation Oenpelli, 256 km östlich von Darwin; es ist eine gangartige Mineralisation in metamorphen präkambrischen Gesteinen. Bei einer durchschnittlichen Mächtigkeit von knapp 100 m hat man die Anomalie in der Streichrichtung (NW–SE) über 1,8 km Entfernung verfolgen können. Die Vererzungszone besteht aus linsenförmigen Pechblendegängen, die zutage ausstreichen und mit rd. 50^g nach NE einfallen. Bei Schürfarbeiten wurde zunächst der 60 cm mächtige Kern eines Pechblendegangs, der von einer dicken Kruste gelber Sekundärerze umgeben war, rd. 1 m unterhalb der Erdoberfläche entblößt und durch Aufschlußbohrungen bis zu einer Teufe von 40 m verfolgt. Dabei wurden bis zu 4 m breite Pechblendegänge mit einer Konzentration von 1300 lb. U_3O_8 je short ton (= 65% U_3O_8) in einer 8 m mächtigen Vererzungszone durchörtert. Bisher wurden 55000 short tons Uranoxid nachgewiesen, bei einer durchschnittlichen Konzentration von 540 lb. U_3O_8 je short ton Uranerz (= 27% U_3O_8). Weder in der Streichrichtung noch in der Teufe sind bisher die Grenzen der Vererzung erreicht worden. Obschon in letzter Zeit mehrere andere Explorationsgesellschaften über neue umfangreiche Uranerzfunde im N Australiens berichteten, hebt sich die jüngste Entdeckung durch ihre hohe Konzentration und die Möglichkeit, das Erz im Tagebau gewinnen zu können, heraus. Damit haben sich Australiens Uranerzvorräte verdreifacht. Die Welt ist um eine Lagerstätte reicher geworden, die an Bauwürdigkeit alle bisherigen in den Schatten stellen kann und den internationalen Uranhandel spürbar beeinflussen dürfte.

Vorräte und Gehalte verschiedener Uran- und Thoriumlagerstätten

Alle U- und Th-Lagerstätten haben nur geringe Metallgehalte. Die technische Grenze der Bauwürdigkeit liegt bei 0,05% U_3O_8. Aus der Tabelle, entnommen dem Energiehandbuch 1970, geht hervor, daß diese Bedingung — im Hinblick auf eine anzusetzende 15- bis 20jährige Betriebszeit — am ehesten von sedimentären Lagerstätten, unter Umständen auch von einigen Karbonatiten, erfüllt werden.

	Gehalte		Erzvorräte einzelner Lagerstätten (Größenordnung)
	% U_3O_8	% Th_2O	1000 t Roherz
I. Magmatische Lagerstätten			
Granite (Syenite)	0,005	0,01	unbekannt
Pegmatite	0,05–0,1	0,07–0,5	< 100
Karbonatite	0,05	0,05–0,8	5000–50000
Hydrotherm. Gänge	0,3–2,0	bis 3%	100– 3000
II. Sedimentäre oder umgelagerte Lagerstätten			
Konglomerate	0,02–0,2	0,05	50000–200000
Sandsteine (Colorado)	0,1–0,3	–	300–1500
Schwermineralsande	0,03–0,1	0,1–1,0	< 100000
Phosphate	0,01–0,08	–	} < 1000000
Bitumin. Schiefer	0,02±	–	
Aschereiche Kohlen	0,01	–	
III. Meerwasser	0,001?	–	

Methoden der Unterwassertätigkeit

Die Methoden der Erdölsuche und Erkundung sowie der Erdölförderung in tiefen Gewässern werden ständig verbessert. Suchbohrungen vor dem nordamerikanischen Festland wurden schon in Meeresteilen bis fast 500 m Wassertiefe ausgeführt. Wir berichteten bereits über eine Förderplattform für Dauerbetrieb im Golf von Mexiko, die in 114 m tiefem Wasser arbeitet. Neue Konstruktionen fassen bereits Tiefen von 185–190 m ins Auge. Es ist beabsichtigt, ähnliche Plattformen für Wassertiefen zwischen 245 und 300 m Tiefe zu entwerfen. Allgemein aber scheint es in größeren Tiefen als 185 m wirtschaftlicher zu sein, Bohrlochköpfe und Fördereinrichtungen auf dem Meeresgrund zu installieren.

Im Juni 1970 ist es einer amerikanischen Gruppe gelungen, eine Bohrung wiederzufinden, die in 3050 m Wassertiefe begonnen und dann verlassen worden war. Das Bohrloch hatte eine trichterförmige Mündung, deren größter Durchmesser 5 m betrug. Der Trichter verfügte über drei Schallquellen, die das Zielen erleichterten.

Im Zusammenhang mit den auf dem Meeresboden fest montierten Bohrlocheinrichtungen gewinnen Tauchprobleme immer größere Bedeutung. Derzeit sind sowohl freischwimmende wie auch an Schiffe angekoppelte Unterwasserfahrzeuge im Gespräch. Die Dimensionen, die Ausrüstung und die Anzahl der Besatzung sind dabei sehr verschieden.

Kaolinlagerstätten in der ČSSR

Alle bedeutenden tschechoslowakischen Kaolinlagerstätten wurden durch Verwitterung feldspathaltiger Gesteine gebildet. Die umfangreichsten Lagerstätten befinden sich in der Nähe von Karlovy Vary, Plzeň und Podborany in Westböhmen sowie in der Umgebung von Znojmo in Südmähren. Die Muttergesteine der Kaoline von Karlovy Vary und Znojmo sind granatische Gesteine. Sie sind z. T. geschiefert und bis zu einer Mächtigkeit von 80 m während des oberen Mesozoikums und des unteren Tertiärs kaolinisiert. Im Gebiet von Plzeň und Podborany, in dem Arkosen und Arkosensandsteine das Muttergestein bilden, tritt neben dieser Kaolinisierung noch eine karbonische synsedimentäre Kaolinisierung auf. Die tschechoslowakischen Kaoline werden hauptsächlich in der feinkeramischen und Feuerfestindustrie sowie zur Papier- und Gummifabrikation verwendet. Die jährliche Produktion von geschlämmtem Kaolin beträgt etwa 320000 t, hiervon werden ca. 160000 t exportiert.

Geologisch-thermisches Kraftwerk in San Salvador (Mittelamerika)

San Salvador, das über keine eigenen Erdöl- und Kohlenlagerstätten verfügt, war seit langem bestrebt, seinen Energiebedarf auf geologisch-thermischer Grundlage aus dem eigenen Land zu decken.

Nunmehr ist eine mit UNO-Mitteln ausgeführte geologische Untersuchung mit gutem Erfolg beendet. Es wurde ein Terrain von etwas mehr als 20 km² erkundet, das hochgespannte Wässer mit einer Temperatur von 280 °C in einer Menge enthält, die den Bau eines Kraftwerkes auf dieser Basis gestattet.

Die Energievorräte der Welt

Der Energiebedarf der Welt wird nahezu restlos durch die festen Brennstoffe Steinkohle, Braunkohle, Torf und Holz, die flüssigen bzw. gasförmigen Brennstoffe Erdöl und Erdgas, durch Wasserkraft und seit einiger Zeit auch durch die Kernbrennstoffe Uran und Thorium gedeckt. Steinkohle und Erdöl haben wegen der zwischenstaatlichen Beziehungen erhebliche Bedeutung, während die Exporte von Erdgas und Kernbrennstoffen in größerem Umfang erst beginnen.

Nachstehende Tabelle, entnommen dem Energiehandbuch 1970, weist die sicheren Energievorräte der Welt, bezogen auf das Jahr 1969, aus.

Energieträger	durchschnittl. Energiewert¹)	Menge	Wärmeäquivalent 10^{12} Gcal	Anteil %
Steinkohle	7000 kcal/kg	575×10^9 t	4,025	47,5
Braunkohle	3000 kcal/kg²)	200×10^9 t	0,600	7,1
Torf	3000 kcal/kg	225×10^9 t	0,675	7,9
Rohöl	10000 kcal/kg	72×10^9 t	0,720	8,5
Öl aus Schiefern	10000 kcal/kg	28×10^9 t³)	0,280	3,3
Schweröl aus Sanden	10000 kcal/kg	120×10^9 t	1,200	14,1
Erdgas	8000 kcal/kg	40×10^{12} m³	0,320	3,8
Wasserkraft⁴)	2800 kcal/kWh	200×10^{12} kWh	0,560	6,6
Uran⁵)		730×10^3 t		
Thorium⁵)		100×10^3 t	0,100⁶)	1,2

¹) Nach BURCHARD, a. a. O., S. 11, ²) Durchschnittswert, ³) gegenwärtig kostengünstig gewinnbar, ⁴) für 100 Jahre, ⁵) nur unterste Preiskategorie, ⁶) bei Einsatz in konventionellen Reaktoren

Kurznachrichten

Nach dem XXIV. Parteitag der **UdSSR** wird der Transport von **verflüssigtem Erdgas** forciert. Es sind Projekte abgeschlossen, nach denen der Transport von jährlich 100 Mrd. m³ Erdgas aus Westsibirien in den europäischen Teil der UdSSR garantiert werden kann. Zur Verflüssigung wird das Erdgas auf —100 °C abgekühlt.

Die **argentinische Erdölproduktion** sieht für die nächsten Jahre eine beachtliche Steigerung vor. Es ist geplant: 1971 24,8; 1972 27,0; 1973 29,2; 1974 30,5 Mill. t.

Die auf der Halbinsel Kola, **UdSSR**, befindliche **Apatitlagerstätte** von Khibin ist an einen Nephelinsyenit gebunden. Die Mächtigkeit schwankt zwischen 10 und 260 m. Der P_2O_5-Gehalt beträgt im oberen Teil der Lagerstätte 23 bis 27%, im unteren Teil 15 bis 17%.

Geologen der **VR Polen** haben im Turoszowsker Becken reiche **Kaolinlagerstätten** entdeckt. Die Vorräte an Kaolin und die Qualität des Rohstoffs sollen derart sein, daß die VR Polen demnächst in Europa in eine führende Position aufrücken kann.

Die auf dem **Erzgebirgskamm** liegende **Magnetitlagerstätte** Medenec hat 3,5 Mill. t nachgewiesene und 5,0 Mill. t geschätzte Vorräte. Der Eisengehalt ist zu 77% an Hämatit, zu 9% an Magnetit, der Rest an Silikate gebunden. Das feinverwachsene Eisenerz enthält 44% Fe, 19% SiO_2, 0,42% P_2O_5 und 0,15% TiO_2.

Die bisher im Tiefbau betriebene **Pyritlagerstätte** Sierra Bullones im SW **Spaniens** wird durch Abtragen des Deckgebirges im Tagebau abgebaut. Bereits freigelegt sind 12 Mill. t hochgradigen Pyrits mit 48% S und 0,7 bis 1,0% Cu. Auch die nahegelegene Pyritlagerstätte San Guillermo soll zum Tagebau freigelegt werden.

In **Spanien** werden **Quecksilberlagerstätten** bereits seit 2400 Jahren abgebaut. Trotzdem sollen die Quecksilbervorräte des Landes 6 Mill. Flaschen (1 Flasche = 34,4 kg) betragen. Die anstehenden Erze haben im Durchschnitt einen Hg-Gehalt von 4—5%, einzelne Adern bis zu 60 bis 70%.

In der Nähe von El Hammam (Gebiet Achemeche — Provinz Meknes), **Marokko**, wurden größere **Flußspatlagerstätten** entdeckt, deren Vorräte auf 1 Mill. t geschätzt werden. Geplant ist eine Förderung von 100000 t/a.

Nach der **USA**-Atombehörde kostet 1 g **Kalifornium 252** z. Z. 1 Mrd. Dollar und wird in nächster Zeit durch unterirdische Atomexplosionen nur noch 10 Mill. Dollar kosten. Die Einsatzmöglichkeiten des Kaliforniums liegen neben der Krebsbekämpfung vor allem bei der Bohrlochmessung, wo der Metallgehalt durchbohrter Erzschichten oder der des Meeresbodens direkt bestimmt werden kann.

Die gesamte **Goldgewinnung Kolumbiens** schwankt z. Z. zwischen 10 und 13 t/a. Davon stammen 75% aus Seifen der Flußgebiete im NW-Teil Kolumbiens. Im Gangbergbau beträgt die Gangmächtigkeit 0,05 bis 2,5 cm, der Goldgehalt im Fördererz rd. 14 g/t.

In der **VR Kongo** wurde in der Nähe von Löbömbasji eine **Kupfererzlagerstätte** von über 25 Mill. t bei einem Gehalt von 5,1% Cu entdeckt, wobei die Oxydationszone 8,4% Cu enthält. Der Abbau soll 1972 mit 50000 t/a Kupfer beginnen und innerhalb von 15 Jahren auf 300000 t/a gesteigert werden.

Nach Schließung des Maubacher Bleibergs (März 1969) sind z. Z. in **der BRD** noch 5 **Bleierze** abbauende Gruben in Betrieb: Grube Lüderich, die Grube Vereinigte Bastenberg und Dörnberg, der Schwefelkies- und Schwerspatbergbau Meggen, das Erzbergwerk Rammelsberg und das Erzbergwerk Grund. Da mit zunehmender Teufe die Gehalte sinken, ist in der Zukunft mit einem ausbringbaren Bleigehalt im Konzentrat von nicht mehr als 45000 t/a zu rechnen.

Eine **Cölestinlagerstätte** mit 270000 t nachgewiesenen Vorräten wurde auf der Insel Cape Breton (Neuschottland), **Kanada**, entdeckt. Die Vorräte liegen in einer 4,8 km streichenden und 2,25 m mächtigen Schicht, die konkordant zu den Windsor-Sedimenten gelagert ist. Die Hälfte der Lagerstätte läßt sich im Tagebau gewinnen. Proben ergaben 25% $SrSO_4$. Die Produktion beträgt 15000 t/a Strontiumkarbonat.

In den nächsten Heften

der

Zeitschrift für angewandte Geologie

erscheinen u. a. folgende Beiträge

MEIER u. a.: Die Rubidium-Verteilung in Hartsalz-Carnallitit-Übergängen des Kaliflözes Staßfurt in der Deutschen Demokratischen Republik

W. W. ARISTOW & S. W. TICHOMIROW: Die Bedeutung einer modernen Variante des Periodensystems D. I. MENDELEJEWS für die Prognose und Prospektion von Bodenschätzen

U. WINTER: Beitrag zur Anwendung des elektromagnetischen Wellendurchstrahlungsverfahrens zur hydrogeologischen Erkundung von Gebirgskomplexen zwischen Bohrungen im Kalibergbau

F. HÄFNER: Anwendung der instationären Strömungstheorie auf Probleme der frühzeitigen Vorratseinschätzung in Erdgaslagerstätten

L. E. LEWIN & V. E. CHAIN: Die tektonischen Voraussetzungen und Besonderheiten der Erdöl-Erdgas-Akkumulation im System des Weltozeans

H. GLANDER: Zur Verteilung, Typisierung und graphischen Dokumentation hydrochemischer Verhältnisse im genutzten Grundwasser mit vorwiegend geringem Mineralisationsgrad

R. KACZYNSKI & L. WYSOKINSKI: Der Einfluß von Diskontinuitäten verschiedener Neigung auf die Festigkeitseigenschaften einiger bindiger Lockergesteine

I. N. KAPUSTIN: Die Rolle des tektonischen Faktors bei der Bildung der Salzkuppelstrukturen. Dargestellt am Beispiel der Norddeutschen Senke

C. GEISSLER: Zur Isotopenanalyse des organischen Kohlenstoffs geologischer Proben

D. MILCOVEANU: Beiträge für die gravimetrische Auswertung mit Hilfe der Frequenzanalyse

A. I. BOGOMOLOW: Erdölzusammensetzung als Kriterium der Erdöl-Erdgas-Höffigkeitsprognose neuer Gebiete

G. RUDAKOW: Über die Natur der Porphyrine im Erdöl

I. P. SUBOW, A. F. JELISTRATOWA, I. I. KOZEWNIKOWA, B. A. SOLOWOW, V. J. SIROKOW: Das Niederbringen von Basisbohrungen auf Erdöl und Erdgas in der UdSSR

K. F. RODIONOWA & S. P. MAKSIMOW: Kriterien der Diagnose von Erdöl-Erdgas-Muttergesteinen

Herausgeber: Zentrales Geologisches Institut im Auftrag des Staatssekretariats für Geologie beim Ministerrat der Deutschen Demokratischen Republik. Für die kollektive Chefredaktion: Dr. K. KAUTER (Redaktionssekretär), Berlin. Redaktion: 1054 Berlin, Zionskirchstraße 34 (Fernsprecher 426001). Verlag: Akademie-Verlag GmbH, 108 Berlin, Leipziger Straße 3–4 (Fernsprecher 220441, Telex 0112020, Postscheckkonto: Berlin 35021). Bestellnummer des Heftes 1047/17/10. Alleinige Anzeigenannahme DEWAG-WERBUNG, 102 Berlin, Rosenthaler Str. 28–31, und alle DEWAG-Betriebe in den Bezirksstädten der DDR. Exportpreis: 6,– M, Sonderpreis für die DDR: 2,– M je Heft. – Satz und Druck: VEB Druckhaus „Maxim Gorki", 74 Altenburg. Veröffentlicht unter der Lizenznummer 1279 des Presseamtes beim Vorsitzenden des Ministerrates der Deutschen Demokratischen Republik.